TURING 图灵新知

[日] 千叶聪 著

丁丁虫 译

进化吧 蜗牛

蜗牛与进化论的故事

歌うカタツムリ──進化とらせんの物語

人民邮电出版社

北京

图书在版编目（CIP）数据

进化吧蜗牛：蜗牛与进化论的故事 /（日）千叶聪
著；丁丁虫译. -- 北京：人民邮电出版社，2023.7
（图灵新知）
ISBN 978-7-115-61631-9

Ⅰ.①进… Ⅱ.①千… ②丁… Ⅲ.①进化论－普及
读物 Ⅳ.①Q111-49

中国国家版本馆 CIP 数据核字 (2023) 第 066477 号

内 容 提 要

本书是关于生物进化理论发展的科普作品，书中以"蜗牛进化之谜"为线索，用蜗牛的小故事讲述了生命进化研究的壮阔历史，生动呈现了自达尔文进化理论以来，"自然选择派"与"进化中立派"的交锋、争论，以及双方在追求生命真相过程中的融合。作者构思巧妙，使用小说式的写作手法重构了关键的历史时刻，使读者不仅能够了解进化理论的发展，更能感受到研究者追求真相的热情。

◆ 著　　　　[日] 千叶聪
　 译　　　　丁丁虫
　 责任编辑　魏勇俊
　 责任印制　胡　南
◆ 人民邮电出版社出版发行　　　北京市丰台区成寿寺路 11 号
　 邮编　100164　电子邮件　315@ptpress.com.cn
　 网址　https://www.ptpress.com.cn
　 北京天宇星印刷厂印刷
◆ 开本：880×1230　1/32
　 印张：7　　　　　　　　　2023 年 7 月第 1 版
　 字数：128 千字　　　　　　2023 年 7 月北京第 1 次印刷
　　　　著作权合同登记号　图字：01-2019-2706 号

定价：59.80 元
读者服务热线：(010)84084456-6009　印装质量热线：(010)81055316
反盗版热线：(010)81055315
广告经营许可证：京东市监广登字 20170147 号

序

　　大约 200 年前，居住在夏威夷的原住民，相信蜗牛会唱歌。他们认为，祖祖辈辈不绝于耳的、回荡在夏威夷树木和森林间的奇异声音，都是胆小蜗牛的"窃窃私语"。19世纪后半叶，传教士约翰·托马斯·古利克记录了这种蜗牛的歌声。由于对夏威夷的蜗牛，也就是夏威夷树蜗的研究，他在进化学的历史上留下了伟大的足迹。年轻的古利克写道，他听到群居在树上的夏威夷树蜗发出颇为喧闹的声音。古利克将自己在深夜里听到的那种声音描绘成天堂的音乐回声，"那纤细的奇异声响与蟋蟀的鸣声截然不同，那是蜗牛对上帝的赞美之声"。

　　但在后来的时代中，许多研究者都对这些记录持否定态度，几乎没人相信蜗牛会发出声音。人们普遍认为，古利克可能听错了蟋蟀的鸣声。蜗牛的声音之谜最终成为永远的谜团。这是因为，进入 20 世纪之后，夏威夷树蜗便消失得无影无踪。能够用于证明的物种都消失了，当然再也无法揭开蜗牛歌唱的真相。

目　录

第一章

歌唱的蜗牛

历史与蜗牛非常相似，都呈现螺旋状，也都在不断重复。姑且不说悲剧还是喜剧，至少在历史的重复性上，罗马历史学家的意见与马克思是一致的。而黑格尔与弗朗西斯·培根的共同点在于，两者都认为历史是螺旋上升的。另一方面，蜗牛在生长的过程中，会不断在现有的外壳上添加新的碳酸钙外壳，同时外壳不断旋转，并在生长出一段新外壳后转回来，长到蜗牛的头部未来所在的位置——也就是字面意义上的"眼前"。

进化与蜗牛之间，到底有什么样的关系？这个问题颇为复杂。对于查尔斯·达尔文来说，进化至少有两层含义：第一层含义是历史，也就是生物从共同的祖先开始逐渐变化和分化的历史；第二层含义则是指驱动这种变化的机制。

达尔文设想了各种进化的机制，他认为其中最重要的莫过于没有方向的随机离散性，以及作用于其上的自然选择。进化就是通过这样的机制产生的——这便是达尔文提出的"自然选择理论"。它的中心思想是，在生物群体中的某个个体，相比于其他的个体，如果其离散性（也就是变异）能使其留下更多的后代，那么该变异的副本就会在后代中占据更高的比例，于是经过若干世代，该变异所占的比例持续升高，便会在这一生物群体中引发足以改变群体性质的巨大变化。

这就像是雨水与河水的侵蚀，会将大地隆起的坚硬部分选择性地保留下来，在经历了漫长的时间之后，便会制造出令人目眩神迷的巨型峡谷。由于这一过程异常缓慢，所以看似毫无变化，但随着时间的流逝，不知不觉中便出现了巨大的变化。从某种意义上说，这一过程与蜗牛的移动非常相似。那么进化的过程又是怎样的呢？对达尔文而言，进化的过程就像是漫无方向的飞箭，其轨迹宛如焰火，描绘出层层枝杈。

历史在重复。或许这正是进化的思维方式。进化的历史也好，过程也罢，如果将达尔文以来围绕进化的论战剥茧抽丝，我们可能会发现，那些都是在围绕同一个关键点反复争论。不过，新时代的论战看似是在重复同样的风景，其实是登上了新的台阶，恰如蜗牛外壳，呈现出螺旋式的递进。

但是，为什么不能朝着任意的方向自由前进呢？这大约是因为历史是逐渐发生的，抑或是常常需要做出选择的缘故。就像是选择了最爱之人，最后却迎来破灭的结局，于是对待下一场恋爱就会变得谨小慎微一样。

那么，是什么促使事物螺旋式上升？又是什么促使事物摆脱螺旋式的发展？那大约都是同样的因素：新的相遇和偶然之力。比如说，幸运的相遇，引出勇气和新阶段的恋情。是否会重蹈破灭的结局，取决于从过去学到了什么，以及从相遇中得到了什么。

过去的取舍，制约了未来；相遇与偶然，又将未来从那制约中解放。

　　而本书所讨论的，是蜗牛。是从蜗牛的角度考察进化的思维方式，也是以蜗牛的故事来说明进化的思维方式有过怎样的变化。

小猎犬号的航海

　　在那个还有无数可爱的夏威夷树蜗在夏威夷的森林中喧嚣不已的年代，岛上的居民还能随意用它们美丽的外壳做成花环，戴在头上、颈部，当作装饰。在英国，已经有蒸汽机车喷着黑烟轰鸣奔驰；在拉格比公学的足球比赛中，有少年艾利斯突然抱起足球朝对手的球门猛冲。19 世纪，是技术革命给欧美社会带来巨大变化的时代。现代自然科学各学科的基础纷纷建立，博物学在大众中获得广泛的关注。在这样的时代背景下，当时的探险航海，也担负起博物学性质的调查任务，在世界各地进行地质与动植物调查，带回各式标本。1831 年，查尔斯·达尔文所搭乘的英国海军测绘船小猎犬号也是如此。小猎犬号花费五年时间环绕地球一周，在 1835 年结束了对南美大陆的调查，来到加拉帕戈斯群岛。达尔文在这里停留了约一个月。在这些满是熔岩、毫无景色可言的荒凉小岛上，他热心于调查在别处无法看到的"珍奇"动植物。

　　达尔文在这里看到的现象，成为启发他的生物进化思想的重大契机。这里生活着一种当地固有的鸟类，小嘲鸫，而在他所访问的每座岛屿上，小嘲鸫的形态各不相同。这个观察事实给达尔文留下了深刻的印象，成为这一思想的最初启示：随着时间的流逝，物种从共同的祖先分化出来。

　　自此开始，达尔文又用了二十多年的时间，终于提出生物从共同祖先进化而来的思想。而在这一过程中，最重要的则是在随机性变异中生效的自然选择。他认为，通过这样的过程，基于对食物、居住地等生息环境的适应，物种逐渐发生变化，分化为不同的物种。适应各种不同环境的结果，就是进化出各种不同的物种。

　　另外，达尔文在加拉帕戈斯群岛调查的时候，从三座岛的树林和石头下面采集了 15 种蜗牛。这些蜗牛的每一种都属于加拉帕戈斯固有的泥蜗牛。不过达尔文虽然采集了蜗牛标本，但并没有太关注，似乎没有意识到这些蜗牛的重要性。发现这些蜗牛与达尔文的理论具有密切关系，乃是 170 年之后的事情了。

　　也许在达尔文自己看来，加拉帕戈斯的蜗牛，与其说是证实了他的理论，不如说是带来了令他头痛的难题。太平洋的每座火山岛都有蜗牛分布，这一事实带来的问题令人烦恼："不会飞行的蜗牛，究竟如何越过海洋，抵达各个岛屿？"为了用进化理论解释为何岛上会有不同于大陆的物种，必须证明物种不是在岛上"创造"出来的。达尔文认为蜗牛可能随洋流漂到各个岛屿上。为了证明这一点，他还做过实验，将盖罩大蜗牛浸泡在海水里。达尔文把实验结果报告给亦师亦友的查尔斯·莱尔，他在书信中写道："盖罩大蜗牛能在海水中生存 20 天以上。"

无论什么原因，总之达尔文自身并没有对加拉帕戈斯的蜗牛展现出特别的关心。但在 1839 年，他回国后出版的《小猎犬号航海记》中关于加拉帕戈斯奇异动植物的记载，却以出人意料的形式，将太平洋上另一座巨大的火山岛——夏威夷群岛的蜗牛，推上了进化研究的前台，并给达尔文设想的"自然选择理论"带来了强有力的竞争对手。

传教士古利克

1872 年 8 月 2 日，一位传教士拜访了位于英国南部村庄唐恩的达尔文居所。传教士的名字叫作约翰·托马斯·古利克。当时的达尔文，将《物种起源》中提出的自然选择理论应用于人的进化，坚决主张人与动物的连续性，引起了巨大的争论。为什么信奉上帝的人要拜访提出这种主张的达尔文呢？

时间回溯到30年之前。1845年，成长于传教士家庭的少年古利克刚刚13岁，在夏威夷火奴鲁鲁郊外的普纳荷寄宿学校读书（顺便说一句，134年后，美国第44任总统贝拉克·奥巴马也毕业于这所学校）。当时，普纳荷学校的学生们喜欢捕捉群居在树枝上宛如葡萄串一样的蜗牛，搜集它们的外壳。但少年古利克搜集蜗牛的热情却是任何一个同学都无法比拟的。夏威夷的美丽蜗牛展现出的无尽多样性俘获了他的心。尽管他的身体不是很强健，但他还是经常早出晚归，整日在森林中搜寻蜗牛，并且会把整个下午用来整理这样搜集来的好几箱"藏品"。他本来高度近视，体弱多病，还一度离开夏威夷，去俄勒冈州疗养，但很快又返回夏威夷，协助穷困的父亲照顾牧场。在那期间，他搜集蜗牛的热情依然没有消退。

很快到了20岁，古利克的人生出现了一个重大转机。他遇到了达尔文的《小猎犬号航海记》。在这本书里，古利克得知，加拉帕戈斯群岛的奇妙生物既具有南美生物的特征，又具有其他地方见不到的特征；而且，每座岛上的生物特征都有少许不同。除此之外，他还注意到，在夏威夷群岛特有的夏威夷树蜗（图1）身上，似乎也有着加拉帕戈斯的生物身上展现的那种"自然定律"。

图 1　古利克研究中使用的夏威夷树蜗图片。标签上记载了这是古利克采集的标本。德雷塞尔大学自然科学院藏。感谢保罗·卡尔蒙供图

从此以后，古利克专注于研究夏威夷群岛特有的蜗牛（夏威夷树蜗与岛居蜗牛科的夏威夷特有种）。他带着经年累月搜集的巨量藏品返回美国本土，一方面在大学和神学院学习，另一方面也和熟识的贝类学者们保持交流，对夏威夷树蜗进行分类记录，将成果发表为论文。

古利克发现，夏威夷树蜗被岛屿和山谷隔离，分成多样的物种。除了各种犹如细长种子的外形，还有黑色、白色、

褐色、黄色、红色和绿色等鲜艳纹理的复杂组合，催生出无数的生物型，大致可以分类成不同的物种，但有时也可以看到从一个生物型到其他生物型的连续变化，难以从中区分出明确的物种。特别是在瓦胡岛，由山脊区隔开来的每个山谷中，都分布着颜色和形态各异的物种，呈现出令人目眩的多样性。在山脊的两侧斜坡上，便生活着各不相同的物种。相隔极短的距离，分布的物种便从一个物种转换成了另一个物种或者生物型。不过，生活在同一个山谷里的夏威夷树蜗基本只有一种，很少出现多个物种生活在一起的情况。根据这些事实，古利克认为，山脊之类的地理障碍，将一个群体分断成若干群体，群体间的个体移动受到阻碍的情况（地理上的隔离），令进化得以发挥重要作用。

但是，对于不久便从神学院毕业成为传教士的古利克而言，能够专心于研究的时间很有限。他在 32 岁时结婚，前往东方国家赴任，从事艰难的传教活动，不得不中断自己的研究。古利克夫妇的传教生活充满艰辛，在严酷的气候下，带着对无边荒野上武装骑兵攻击的恐惧，坐马车、骑骆驼，或者只能徒步前进的传教生活，消磨着夫妇俩的体力。最终，他挚爱的妻子生了重病，古利克自己也出现视力衰退，健康受到严重损害。在传教生活过去十年之后，他终于获得了疗养休假的许可，暂时停止传教活动，离开了当地。

古利克从美国来到英国，获准在此停留一段时间。在这段休息期中，他带上了蜗牛的标本。古利克认为自己不会再重新投入研究，因此计划将自己的藏品捐赠给大英博物馆。但博物馆给了他一个房间，让他继续研究工作。很久没有碰过的蜗牛标本，重新唤起了他对研究的热情。

就这样，古利克终于又回归到研究中。他将大量蜗牛藏品运来大英博物馆，一方面进行整理和分类，另一方面着手撰写论文，讨论夏威夷树蜗被山谷隔离的地理分布。他于1872 年在《自然》杂志上发表的研究成果，大大震撼了达尔文，于是便有了两个人在唐恩的会面。

不管去哪里，古利克都会带着自己心爱的夏威夷树蜗标本。与达尔文见面的时候，他也展示了精挑细选的夏威夷树蜗标本，描述了美丽的纹路展现出的变异，以及每个山谷都有不同的情况。达尔文对古利克的描述大为赞叹，甚至留他吃晚饭以便继续讨论。这大约是因为夏威夷树蜗的颜色和形态展现出的丰富变化，明确地支持了达尔文的假说："物种的性质逐渐变化，最终成为不同的物种。"

但其实，关于进化的机制，古利克与达尔文的想法略有不同。古利克认为，进化的重要因素有两个，第一要有地理上的隔离，第二则是基于偶然的力量。生物性质的变异是随机发生的。事实上，达尔文在《物种起源》中对这两点都有所涉及，他认为，可能也存在不受自然选择影响的"微小变异"。但达尔文同时也认为，在类似物种差异这样性质差异重大的进化中，自然选择导致的适应，要比偶然的力量更为重要。

地理上隔离的夏威夷树蜗种群，尽管生活在同样的环境里，吃的食物也一样，但颜色和形态却各不相同，这是自然选择导致适应的理论难以解释的现象。古利克认为，蜗牛的颜色和形态差异，并没有适应上的意义。地理上隔离的蜗牛，在各自生活的地区里，通过偶然性的随机变化，进化成不同的物种。

古利克并没有否定自然选择，但他认为，仅靠自然选择，并不会产生通向不同物种的进化。另外他还认为，自然选择导致的适应，只会出现在环境与食物等有着明显区别、对个体生存产生影响的时候。古利克详细调查过瓦胡岛每个山谷的植被、气候条件和有无捕食者等情况，既没有找到影响夏威夷树蜗生存的重要因素，也没有发现明显的环境差异。此外，在夏威夷树蜗外壳的形状、颜色、纹理，壳上盘旋的条带数量、粗细、位置等所展现的无限多样性，与它们生活的环境之间找不出任何关联。因此，古利克认为，应当用随机性变化解释夏威夷树蜗的情况。

不过，当时的古利克终于与期待已久的达尔文会面，又在英国皇家学会发表了论文，获得称赞之后他非常满足，计划就此彻底脱离研究的世界。不久之后，他又返回到东方国家的严酷传教生活中去。古利克再度经历了极其严酷的流浪生活，自己和家人的健康又一次受到严重的损害。在充满苦难的传教活动最后，古利克失去了妻子和孩子，自己也病倒了。

1875 年，古利克不得不从传教生活的试炼中退却，移居到亲属定居的日本。这里气候温暖，也不必遭受严酷流浪生活的折磨，对于充满悲伤和疲惫的古利克来说，是休整身体和心灵的适宜地。他很快恢复了健康，定居大阪，不久之后又以不屈的意志重新开始了传教活动。再加上再婚之后，他与新妻子有了两个孩子，便决定将日本作为自己的安居之地。

慢慢地，在这样的古利克身边，不仅聚集了向往基督教的日本人，也聚集了对西方科学怀有好奇心的日本人。那是被他的科学知识感化的人。为了被自己的知识和学识感召的人而努力——那是古利克成为传教士以来前所未有的体验。对于古利克而言，与那些日本人的交流，让传教和学问上的业绩产生了新的关系。对上帝的信仰与对进化的研究，都成为他毕生的事业。就这样，古利克的生物学家身份再度复活了。

随机进化与适应主义

这时候，古利克已经年过半百，达尔文也已经去世了。

但是古利克在以传教士的身份继续传教活动的同时，又重启了曾经令达尔文都惊讶的研究。他取回了留在夏威夷的蜗牛藏品，再度投身于进化之谜的研究中。他一方面以大阪为中心，继续朴素的传教生活，另一方面从海外购买和阅读大量书籍杂志，不仅关注科学方面的内容，连同当时西方社会的最新知识和信息都孜孜以求。

虽然主要是通过书信联系，不过在这个时期，与爱丁堡大学的年轻教授乔治·罗曼内斯之间的交流，对古利克产生了极大的影响。罗曼内斯是达尔文的关门弟子，也是最年轻的弟子，但他和古利克一样，都认为进化的过程仅靠自然选择是不够的。另外，关于达尔文的《物种起源》中没有充分解释的部分，也就是物种分化——新物种的进化——是如何发生的问题，他也在尝试验证，所以非常关心古利克的夏威夷树蜗的研究成果。通过与罗曼内斯的交流，古利克在原本一直模糊不清的"何为物种差异"的问题上，也得以整理自己的想法。他们认识到，物种分化的本质，是不同群体之间的交配受到阻碍（生殖隔离）。

他们都认为对方是卓越的生物学家。尽管罗曼内斯在学习进化之后抛弃了基督教信仰，但与身为传教士的古利克之间却建立了相当于盟友的关系。而古利克通过与罗曼内斯的交流，加深了对物种分化的理论考察。

1888 年，古利克在林奈学会杂志上发表了基于夏威夷树蜗地理变异的物种分化理论。在这篇论文中，他首先整理出问题，并清晰定义了这些问题的意义：对于生物而言，环境是什么？隔离与物种分化又是什么？然后，他从理论解析中得出这样的结论——在地理上彼此混杂的群体中，不会发生生殖隔离的进化，也就是不会发生物种分化。要发生物种分化，需要一个群体在地理上隔离成若干群体。而那些物种分化，是群体所具有的性质发生随机变化所导致的。

但是，古利克的这一研究成果，受到了超越达尔文的达尔文主义者阿尔弗雷德·华莱士的严厉批评。华莱士是"适应主义者"，认为生物的一切都可以用适应，也就是自然选择加以说明。对于华莱士而言，物种分化是适应的结果（副产物），它的发生并不需要地理上的隔离。

在达尔文过世后，华莱士仿佛承担了守护他名誉的任务，将一切非适应性进化的观点都视为敌人。因此，尽管古利克并没有否定自然选择，但依然成为他攻击的对象。比如，对于古利克的解释，"夏威夷树蜗与其他物种生活在同样的环境里"，华莱士批评说，"那只是你没看到不同之处"。换言之，华莱士认为，那并非不同物种的生活环境没有差异，而仅仅是因为人类没有认识到蜗牛生活环境的差异之处。

对于古利克1888年的论文，华莱士在《自然》杂志上发表了言辞激烈的评论。文章是如此开头的："去年古利克先生送来这篇论文，希望我交给林奈学会刊登。我将论文送去了协会。但事实上，我在附给协会的信中注明，我自己并没有读过这篇论文，也不想推荐协会受理和刊登它。"接下来，华莱士在评论中发起连环攻击，犹如连射的子弹："这篇长篇大论的论文，几乎在每一页都能找到可疑之处和错误，不管多长篇幅的批判都不够用""地理上的隔离必然会带来环境的差异，进而令自然选择成为关键因素。这是达尔文先生最深刻的观点""并没有显示出任何足以取代或者补充达尔文先生自然选择理论的新理论"，等等，言辞非常激烈。

对此，古利克立即向《自然》杂志发去反驳文章，试图应战。不过编辑担心杂志成为两个阵营的辩论战场，事态无法收拾，因而婉拒了古利克的要求。但是，罗曼内斯接替古利克，在自己的著作中激烈反驳了华莱士。"华莱士先生一方面认为也有自然选择之外的解释，另一方面又不承认自然选择之外的一切。""对于古利克先生令人震撼的明确结论，华莱士先生出于无知，只能基于一贯的臆测，死死抱住自然选择什么都能解释的说法，做出毫无新意的反驳。""读过华莱士先生对古利克论文的批评，我只有一个深刻的感受，那就是：顽固的先入为主观念竟然能产生如此决定性的影响……尽管有如此繁多且前后一致的反证事例，还要坚持那样的主张，只能说是宗教性的狂热了。"

进化学家古利克

尽管没有结论，不过这场争论也带来一种影响，让人们意识到，在考虑物种分化时，自然选择之外的机制也很重要。此外，这场争论吸引了众多生物学家的关注，让古利克一跃成为名人，进而被视为当时世界上最具影响力的进化学家之一。

这一时期的古利克，已经知道在进化和物种分化的研究中，数学非常重要。他特别注意到，自己所重视的研究——偶然变化导致的进化——属于数学领域。1893 年，古利克自大阪写信给正在牛津疗养的罗曼内斯。他在信中问候了罗曼内斯的病况，同时写道，自己如今正从生物学问题出发，研究"概率的数学理论"，并且通过这一研究，"发现了丰富的矿脉"。

1899 年，古利克结束了 20 多年的日本传教活动，迁居到美国。这段时期，生物学的发展异常迅速。1900 年，孟德尔的遗传定律被重新发现。与此同时，突变的效果也日益受到关注。特别是以孟德尔遗传定律为背景、认为突变引发进化的"突变理论"，被视为进化的机制，获得越来越多的支持。

1905 年，73 岁的古利克，在华盛顿的卡内基研究所出版了一本可以称为自己研究集大成之作的书。他在书中指出，群体内部偶然会出现无法参与繁殖的个体，也会有随机性的死亡，于是群体内各变异成分的组成比例（比如外壳具有不同纹理的个体占据多大比例）会随世代发生变化。作为实际案例，他举出蜗牛的例子：受到火山喷发的影响，蜗牛个体会随机性死亡，因此每个群体的外壳颜色便产生了差异。这一观点 20 多年后成为获得广泛接受的机制，被称为"遗传漂变"。

此外，古利克还得出结论：群体中极少数的个体，通过地理上的隔离，也有可能发生物种分化。如果从多数个体构成的群体中随机抽取出极少数个体，那么与原先的群体相比，其产生变异的概率更高。当这些少数个体作为"奠基者"，数量逐渐增加并成为新的多数时，这一新群体的变异成分比例，将会与原先的群体之间形成巨大的差异。这一机制 30 多年后被称为"奠基者效应"。

古利克正是随机过程导致进化理论，以及地理隔离导致物种分化理论的奠基者。

不过，古利克呕心沥血的著作，虽然获得了很高的评价，但并没有像以前那样受到广泛的关注。一方面，古利克的知音罗曼内斯早早离世，他失去了这位强大的盟友；另一方面，在结合了孟德尔定律的突变理论广受关注以来，达尔文的自然选择理论所受的关注也在衰退。

当时的人们认为，孟德尔定律与不连续的——能够明确加以区别的——性质变化有关，与达尔文的理论相矛盾，因而否定了后者。这是因为达尔文的理论设想的是性质的连续性变化，比如羽毛逐渐变长之类的变化。讽刺的是，在当时，古利克已经认识到孟德尔定律或者突变理论实际上与自然选择理论并不矛盾，他在给儿子的书信中提到了这一点。然而在当时，很少有生物学家这样认为。

或许，古利克的理论只有在面对那个名为"适应主义"的对手时，才会绽放光芒。说到底，古利克、罗曼内斯，以及华莱士，都是由达尔文启动的这场棋局中的棋手。没有了对手，棋局便结束了。

就像笼罩在云海中的夏威夷高山那样，独自一人攀登孤绝高峰的古利克，其理论所具有的真正价值，并没有被当时主流的生物学家们理解。要到很久很久以后，人们才会理解其理论的真正重要性。那必须要等到 20 世纪 30 年代之后，孟德尔的遗传学与达尔文的进化理论相结合，现代进化理论的框架——综合论诞生之后。

第二章
选择与偶然

下方的大海犹如镶嵌着白边的翡翠色水晶，离海湾愈近，愈是色彩变幻，与远方的湛蓝天空相映成趣。海滩上挺拔的棕榈树丛生，朴素的住家点缀其间，屋顶上也都铺着棕榈树叶。走到树林外，强烈的直射阳光令人痛苦；走进树林里，潮湿和热气令人窒息。

在这样的热带岛屿上，穿过艰难险峻的山谷，翻过云雾缭绕的山脊，巡行在茂密的丛林中，像是摘果子一样捕捉聚集在树干上、垂悬在树叶下的细长蜗牛，对于亨利·克拉姆托而言，那是时而痛苦时而危险，却也是让人沉迷、无上快乐的时间。结束一天的调查和采集，下到山下，村落的酋长和家人出来迎接他、款待他。享受这样的时光，是他的调查中附带的绝妙"特权"。

克拉姆托痴迷于南太平洋的探险。俘虏他、诱惑他的，是美丽的岛屿，以及和乐天的人们度过的快乐时光，还有生活在南太平洋群岛上的蜗牛——帕图螺（图2）。那美丽的外壳展现出的无限多样性，令他如痴如醉。

图 2　克拉姆托用于研究的帕图螺属图片。标签上记载了这是克拉姆托采集的标本。德雷塞尔大学自然科学院藏。感谢保罗·卡尔蒙供图

克拉姆托

　　生于纽约、长于纽约的克拉姆托，也许从未想过自己的后半生会在南太平洋的探险中度过。1899 年，他在纽约哥伦比亚大学动物学系获得博士学位，一年后又在同一大学找到了工作。他学生时代的导师，后来成为他上司的，是埃德

蒙·比彻·威尔逊。1902年，威尔逊指导学生沃尔特·萨顿，通过对蝗虫生殖细胞的观察，提出"染色体上具有遗传信息"的假说，也就是染色体遗传理论。此外，1904年，他还邀请了托马斯·摩尔根从事果蝇研究，引导了20世纪10年代对染色体遗传理论的实证。威尔逊正是当时最顶尖的动物学家之一。

学生时代的克拉姆托在威尔逊的指导下研究螺类的早期发育。他的研究课题是，调查褐带田螺的早期胚胎中，中胚层是如何形成的。但是，这种螺很难获得，所以必须想办法找其他螺类代替。而他在偶然中找到的是柱假琥珀螺，以及另一种外壳左旋的尖膀胱螺。

在用实验室的显微镜观察受精卵期间，克拉姆托注意到这些蜗牛受精卵的细胞分裂，也就是卵裂的方式有所不同。这两个物种的细胞在卵裂时，卵轴（纵向连接受精卵两极的轴）的偏转方向是相反的。当时人们已经在右旋螺类的卵裂中发现，细胞的排列相对于卵轴斜向偏离，也就是所谓的螺旋卵裂。但克拉姆托在世界上首次发现，在左旋螺类中，这个偏转方向和右旋螺类相反。后来，除了螺类，克拉姆托在海鞘类的早期发育研究中也取得了显著的成果。

同时，克拉姆托还对联体共生（人工将两只动物身体的一部分联结在一起）产生兴趣，饲养了天蚕蛾科的幼虫进行实验。但在测量蛹的形状的时候，他发现活下来的蛹，变异幅度小于死去的蛹。这是否显示了自然选择会将不利于生存的变异筛除掉呢？想到这一点，他对遗传学和进化的结合产生了极大的兴趣。

然后在 1905 年，他读到了古利克关于夏威夷树蜗的著作。对于原本是适应主义者的克拉姆托而言，这本书是颠覆性的。古利克提出的"性质通过随机变化产生进化"，克拉姆托将之视为对自然选择理论的重大挑战。他想亲自进行验证，于是请教了熟悉南太平洋生物的朋友。而朋友给出的建议，是生活在南太平洋群岛上的帕图螺。

翌年，克拉姆托从卡内基研究所获得资金，立即前往南太平洋，踏上调查蜗牛的旅程。对于实验生物学家来说，野外调查是极大的挑战。克拉姆托的大胆决定，可能也是受到了老师威尔逊的影响。

威尔逊对遗传学、发育学、细胞学的发展都有重要的贡献，但与此同时，从 19 世纪末开始，他对野生生物学和实验生物学的背离产生了极大的担忧，认为在推动生物学发展的过程中，最重要的是融合不同方法的研究。

在这样的背景下，克拉姆托的研究主题也着眼于野生生物学和实验生物学的融合。他的研究计划是，首先调查帕图螺的地理变异，将之标示在地图上，调查它和环境的关系，然后通过交配实验，确定这些变异的遗传模式，研究能否通过实验重现这些自然界中所见的变异。

200 000 只蜗牛的数据

　　克拉姆托首先来到大溪地和莫雷阿岛，逐个山谷调查帕图螺的分布情况。他记录下采集的地点，逐一测量外壳，记录颜色和纹理，解剖软体部分进行观察。结果，他在这里发现的，正是古利克在夏威夷树蜗身上发现过的世界。帕图螺有着各种不同的形状、纹理、色彩——白色、褐色、黑色、黄色、淡红色，以及如同花瓣一样的堇色——可以区分出不同的生物型，有的是不同的物种，有的则是同一物种的变异。而且，各种生物型都随山谷分布。他记录这些多样性，疯狂投身在工作中，努力把握这无边的混沌世界。

　　之后的 12 年间，克拉姆托单枪匹马，在大溪地和莫雷阿岛总计 200 个以上的山谷里，采集、记录、观测了 8 万只帕图螺。但即便拥有如此庞大的数据，在蜗牛的地理性变异、生物型，和其所生活的环境之间，克拉姆托也未能发现任何关联。1916 年，克拉姆托将之前所有帕图螺的调查结果综合在一起，配上大量精美的图片加以出版。与古利克在 1905 年将自己的毕生研究结集出版时一样，这也是由卡内基研究所资助出版的。

　　不管怎么调查，也调查不尽帕图螺的多样性。在新的调查地点，必然会发现新的变异。克拉姆托探索岛屿，在寻找外壳的经历中感受到无比的快乐。

另一方面，卡内基研究所察觉到克拉姆托的倾向，也产生了深深的忧虑。他们意识到，不能给无用的野外调查无休止地提供资金，于是要求克拉姆托暂时停止调查活动，马上回来开展原本计划的遗传学实验。但是克拉姆托找借口推迟了实验。研究所提议说，如果他不想做实验，那不妨找其他合作者进行实验，但他充耳不闻。

这段时期，卡内基研究所已经在调整策略，从广泛支持自然史的研究，转到重点支持实验生物学上。给野外调查提供资金援助，已经变得越来越困难。当时的研究所委员会顾问、对研究所方针具有强大影响力的遗传学家查尔斯·达文波特宣布说："卡内基研究所不应当对分类学或生物地理学的研究提供资金援助，因为这是最没有用处的研究领域。"对于同样也是以改进人类遗传性状为目标的优生学者达文波特而言，野生生物学毫无意义。

最终，卡内基研究所切断了对克拉姆托的资金援助，但克拉姆托又从夏威夷的毕夏普博物馆筹集到调查资金，继续帕图螺的调查和采集。

距离最初的调查经过了 20 年。克拉姆托综合过往的调查记录，同时也对比自己过去的调查记录，发现在这 20 年间，帕图螺可能发生了急速的进化。在莫雷阿岛上，随着某一帕图螺亚种①分布的扩大，过去左旋占优势的种群，逐渐转换为右旋占优势。同时他也发现，旋转方向的变化是由突变引起的。但他还是没有进行交配实验。克拉姆托继续执着于调查和采集南太平洋的帕图螺，直到健康受损、不得不回家休养为止。

最终，直到1929年为止，克拉姆托一个人采集、记录、测量的帕图螺，累计超过20万只。作为从单一种群的动物中获得的形态测量数据，这个规模是空前的。

但在如此巨量的数据中，依然看不出地理性变异与生活环境之间有什么关联。克拉姆托当然不会放弃重视自然选择的立场，但也不得不承认，至少帕图螺的遗传性变异对于自然选择来说完全是中立的，既不是有利，也不是不利。因此，"群体受到地理隔离后，突变导致的随机变异会在各群体中随机扩散，其结果将导致各群体进化出自己的独有特征"——这是他得出的结论。

古利克所构想的随机性进化思想，由克拉姆托提供了遗传学的背书，得到了高精度数据的证实。从自然中获得的结果具有相当的重要性，加上数据的规模之大、质量之好、可信度之高，使得这一研究在进化生物学迎来新变革期的关键点上，对该领域的前进方向产生了巨大的影响。

---

① 日语原文为ミゾポリネシアマイマイ。——编者注

如果从结果来判断克拉姆托真正的想法，他应该并不认为将一切投入野外调查是个错误吧。但在另一方面，这一研究的最大弱点在于，缺乏严格的实验来证实他所设想的形态和纹理的遗传模式。实际上，对此认识最深的，也许正是克拉姆托自己。在1932年的最终总结性著作中，他这样写道："结论是，为了更为完整地理解多样化过程，遗传学的方法是不可或缺的。而为了更为完整地理解帕图螺的进化，需要借助于实验室遗传学实验这样的分析方法。但是，要获得类似我这本著作或者以前的著作中所展现的研究成果，需要花费无可计量的时间和劳力。因此，我无法完成这样的实验。"

他将完成自己未完成工作的希望，寄托在未来的生物学家身上。

※※※

克拉姆托的同事，当年与克拉姆托同样从发育生物学出发的托马斯·摩尔根，与克拉姆托形成鲜明的对比，他将实验生物学发挥到极致，获得了生物学上的伟大成就。他与优秀的合作者们共同证明了遗传基因位于染色体上，揭示了孟德尔定律的本质。那是发生在20世纪10年代的事。

基于这一发现，人们得以将染色体上的固定部位定义为"基因座"——这里存在着决定性状的遗传信息。个体拥有分别来自父体和母体的两条染色体，而在这两条染色体上占据同一个基因座的遗传基因，就是决定个体性状的"等位基因"（性染色体除外）。

于是，生物的遗传，便从假想之物，变成了具有实体的、可以处理的事物。正如物理学家通过物体的行为来表现力的作用，生物学家终于可以用基因的行为来表现进化了。接下来的问题是，究竟是谁在主导这一切？

费希尔

做出某种贡献的崇高使命感，也会引导出噩梦般的冷酷思想。相反，疯狂而危险的思想也可能带来科学上的伟大成就。不过，这两者同时发生的案例并不多见。

有位少年，在伦敦屈指可数的高级住宅区成长，生活在富裕而幸福的家庭里，但在 15 岁的时候，却不得不流落到伦敦极为破旧的小房子里，过上贫苦的生活。他在 14 岁失去了母亲。第二年，父亲的事业也失败了。

不过，少年具有特别的才能，拥有超凡的数学能力。而且他高度近视，医生禁止他在纸上书写文字，以期改善视力，于是他习惯了将算式当作图像，在头脑中自由操控。1909 年，剑桥大学认可了这位少年——罗纳德·费希尔的才能，录取了他，并为他提供了奖学金。

费希尔在大学学习数学，同时产生了强烈的愿望和使命感："要为大英帝国，更要为人类做出贡献。"这让他倾心于对人类进行生物学改良的优生学思想。费希尔拜倒在"选拔优秀的人类进行交配，进化出更为优秀的人类"这一思想下，他相信人类进化是自然选择的结果。对他而言，那是人类获得幸福未来的必要保障。他下定决心，要为基于自然选择的进化研究做出贡献。他的武器就是数学。

大学毕业后的费希尔，一方面以公司职员和高校教师的身份谋生，另一方面继续埋头在实现梦想的研究中。

在思考人类性质进化的问题时，必然会面对身高、智力等连续性的性质。该怎样看待这些性质的变异呢？孟德尔遗传可以解释不连续的性质，比如圆－皱、红－白，等等。孟德尔的规则能够决定这些不连续粒子般的性质，但它如何才能无矛盾地解释诸如尺寸大小这种连续变化的性质呢？由于达尔文的自然选择理论设想的是连续性质的遗传，因此，这个问题也是拦在它和后孟德尔遗传学之间的最大障碍。

而在这里，费希尔首先设想了一种划时代的统计学方法——方差分析，用来处理连续性质的变异。随后他运用这一方法，在 1918 年清晰地证明了连续性质的遗传与孟德尔的定律并不矛盾。

费希尔设想的遗传基因是这样的：遵从孟德尔的定律，但每个基因对个体性质的影响都很小。这类等位基因占据了众多的基因座，当它们独立决定某一性质（比如身高）的时候，该性质所展现出的变异，将会遵循以一定概率分布的连续变化。基于这一模型，在群体中展现为数量性状的遗传变异程度，便可以用方差（遗传方差）这一统计学的量加以表现。

就这样，费希尔成功消除了自然选择理论的最大障碍，进而在罗森斯特农业实验站找到了工作。于是，达尔文的想法便在这里逐一获得了数学表述。

根据脱胎换骨的新自然选择理论，在突变给群体带来的不同遗传基因（遗传变异）中，随着世代的推移，那些涉及有利于繁殖和生存性质的遗传基因，比例会逐渐增加。因为，具有这类有利性质的个体，更有可能存活到繁殖年龄，留下更多与自己具有相同性质和遗传基因的后代。像这样，某个个体所产的后代中，能够存活到繁殖年龄的后代数量，被称为"适应度"。遗传过程会将群体中适应度高的变异筛选出来，令构成群体的个体性质不断变化。

那么，如果自然选择不起作用，群体的性质又会如何呢？也就是说，不同变异之间不存在适应度的差异——其性质中立于自然选择，既非有利也非不利的情况。

费希尔在1922年发表的论文中得出这样的结论："如果没有突变，自然选择也不发挥作用，那么随着世代的推移，群体的遗传变异将以一定的概率丢失。"但他认为，在现实中，这个丢失的概率近乎为零。因为费希尔设想的群体极其庞大，能够自由交配的个体数量足有上亿的规模。在这样的群体中，随机过程的影响可以忽略不计。这是他的结论。

适应主义

对费希尔而言，自然选择的理论是"定律"，可以称之为生物学中的"牛顿运动定律"。定律应当是普适的，而且必须是简单的。

在连续发表划时代理论的同时，费希尔也有一个弱点，他对自然界的生物并不是很了解。后来为费希尔弥补这一弱点，为他提供了支持的，是遗传学家埃德蒙·福特。

1923 年，费希尔访问牛津大学，拜访进化学的领军人物朱利安·赫胥黎。赫胥黎向费希尔介绍了当时还是大学生的福特。福特从小就是狂热的蝶类收藏者，对自然和自然中的生物有着非比寻常的认知，特别是蝶与蛾。

福特对"多态性"尤其关注，这是他的研究对象。在自然选择理论还没有得到广泛支持的那个时代，大部分人认为，等位基因的差异带来的多态性——在同一群体内部，可以通过颜色、形态等差异明确区分的遗传变异——是不受自然选择影响的"轻微变异"。这一想法的重要来源，就是古利克的夏威夷树蜗和克拉姆托的帕图螺研究。但福特认为，如果能证明那样的"轻微变异"其实也受到了自然选择的影响，那么更可以证明自然选择的重要性了。

费希尔与福特在"一切性质都受到自然选择影响"的观点上意见一致，于是开始共同奋斗，尝试证明这一观点。费希尔通过理论、福特通过实验和野外的研究，分别以自己擅长的技能为武器，共同尝试证明自然选择理论。他们逐渐成为这个时代的适应主义核心。

1930 年，费希尔出版了《自然选择的遗传学理论》，这是一本里程碑式的著作，将此前的理论加以体系化，成功融合了达尔文的自然选择理论和基于孟德尔遗传的突变说。在此书的第二章，他提出了自然选择的"基本定理"："生物在某一时刻的适应度增加率，等于该时刻适应度的遗传方差。"这个定律是费希尔理论的核心。他将该定律比作热力学第二定律，认为它应当占据生物学最高的地位。

在之后的一章，费希尔举出若干现实中的生物案例，展示自然选择理论的威力。比如，某些昆虫为了保护自己，能够拟态有毒昆虫的颜色和形态，费希尔便用精致的逻辑，解释了自然选择逐步发展的过程。又比如，有些雄鸟的尾羽很长，看似对生存不利，他则敏锐且优雅地解释说，这种奇特性质的进化，是由争夺异性的竞争带来的。

在费希尔设想的规模巨大（个体数量众多）的均匀群体中，自然选择能够急速提升生物的适应度。在不同的遗传变异之间，适应度的极小差异，会在若干世代后引起巨大的性质变化。这是占据自然选择理论中枢的进化理论，它的确立，令进化的综合论开始展露端倪。

顺便说一句，费希尔的这本名著装点了综合论的启幕，但著作的后半部分却出现了基于优生学的人类社会分析。事实上，这本书也是费希尔带着感谢和亲近之意，献给英国优生学协会会长的。后者曾向政府施加压力，认为"应当找出遗传基因中存在缺陷的人，加以排除""为了避免增加恶劣的遗传基因，需要建立身份制度，禁止其他阶级与上流阶级进行任何交流"。①

也许对于费希尔来说，如果能够建立一项理论，使之成为人类进化式改良的理论基础，将会是他实现"健全未来"的重要步骤。1933 年，费希尔转到伦敦大学开设优生学讲座，又朝自己理想的实现迈进了一大步。

但他遇到了另一个人。那个人是他那个美丽理论的强劲对手。

---

① 这些观点中存在当时"优生学"里的极端主义思想。——编者注

赖特

那位少年成长于美国伊利诺伊州乡村的大学教师家庭。他性格内向、沉默寡言，唯独对昆虫采集、野鸟观察以及足球充满热情。在以普普通通的成绩从高中毕业后，他于1906年进入当地的普通大学读书。那个少年，休厄尔·赖特，在升入大学高年级的时候，母亲给了他一本书。书名叫作《今天的达尔文主义》，是一本面向普通大众介绍进化论的书。

赖特在这本书里读到了夏威夷树蜗的案例，书中详细介绍了古利克所做的夏威夷树蜗研究。被众多山谷隔离的大量小型群体中发生随机性变异，导致各个地点都出现颜色和形态各异的蜗牛——古利克的这个结论，给赖特留下了深刻的印象。"物种所具有的性质中，大部分都没有任何用处"，他在这句话下面仔细地划了线。

当赖特思前想后，不知道自己将来该做什么的时候，一位老师建议他去参加科尔德斯普林港（又译冷泉港）实验室举办的暑期学校。在那里，由美国各地聚集而来的学生，将会接受以达文波特——他也是实验室的创立者——为首的第一线研究者，在形态学、遗传学和育种学等方面的指导。到了夏天，赖特参加了实验室的暑期学校，在那里接触到最前沿的研究，加深了自己对实验生物学的认知和兴趣。

暑期学校的学生来自各个大学，哥伦比亚大学的摩尔根研究室也来了一名学生。他一直都在实验室和周边采集果蝇，不过却与性格内向的赖特很合得来。和最前沿研究室的学生进行交流，给赖特带来很大的刺激。于是，赖特决定攻读研究生，学习实验生物学。

赖特考入伊利诺伊大学，研究生毕业后，去了哈佛大学，在那里进行豚鼠毛色遗传的相关研究。一如既往内向而沉默的赖特，通过与一流生物学家们的交流和协作，学到了许多，开始崭露出研究者的头角。

1915 年，赖特获得美国农业部的工作职位，来到华盛顿。他主要的工作内容是豚鼠的品种改良和遗传研究。豚鼠的毛色差异涉及若干阶段的生物化学反应，因此很多时候难以用单纯的孟德尔遗传解释它的遗传。某个基因对毛色产生的效果，会受到其他基因的抑制或强化，导致完全不同的结果。

赖特在进行豚鼠品种改良的过程中注意到，在许多个体自由交配的"大"群体中，即使由人进行选择，也就是人为选择——比如选出耳朵长的个体进行交配，再从生出的后代中进一步挑选耳朵更长的个体进行交配，不断重复这样的操作——最多也只能带来数个世代的变化，并不能顺利进化出新的性质。赖特认为，这是因为不同基因间的相互作用。也就是说，在大群体中，与某个遗传基因相关的性状变异或变化，也许会被其他遗传基因的效果所抑制。

比如，杂合子（基因座被相异的两个等位基因占据的状态）的基因座上，一个等位基因（显性基因）抑制了另一个等位基因（隐性基因）的表达时，隐性基因的性质便不会出现在外观和性状上。

但在另一方面，兄弟姐妹反复随机交配而产生的由少量豚鼠构成的纯系血统群体中，会出现诸如颜色差异、趾头 / 脚趾根数的差异等特征，这些是在原本的大群体中看不到的。赖特认为，在这样的群体中，近亲交配导致遗传变异减少，遗传基因从复杂的基因间相互作用中解放出来，原封不动地展现出各个基因的效果。比如，隐性基因容易形成纯合子（基因座被两个相同的等位基因占据的状态），其性质便会表达在外观和形态上。

如果能将隐性性状的特征像这样呈现出来，便可以进行有效的人为选择。在进行选择前，首先需要进行随机的近亲交配。但在这里有一个问题。近亲交配产生的血统，基本上都很孱弱，无法顺利成长。不过，可以从另一个血统中选择具有相同目标性质的个体，让它们交配，以此解决这个问题。这就是赖特构想的豚鼠品种改良方案。

野生状态下的生物群体，应该也像饲养场饲养的豚鼠血统群体一样，由许多个小群体构成——这一想法启发了赖特的适应进化理论。启发的成形则是在他于 1926 年转到芝加哥大学之后。赖特设想的是，在地理上具有某种程度的隔离，因而有许多由小群体构成的生物群体。为赖特的这一想法提供证据的，是古利克的夏威夷树蜗和克拉姆托的帕图螺的地理分布。

按照赖特的模型，在这样的小群体，也就是个体数较少的群体中，由于存在着因偶然不能参加繁殖的个体，或者传递给下一代的等位基因具有随机性偏差，会导致群体的遗传变异构成出现很大的变化。随着世代的推移，遗传变异会迅速从群体中消失，赖特在豚鼠的血统群体中所看到的那种近亲交配则会不断发展。在每个群体中，随机性所带来的等位基因差异，占据了各个群体的主流。随着这种状态的不断推进，各个群体的性质差异，便也呈现出随机性的进化。

赖特的这一想法，虽然也设想了随机性的变化，但与费希尔的想法——认为这一效果"不足以成为进化的主要因素"——形成鲜明的对比。这种遗传变异的偶然性扩散或减少的随机性进化过程，被称为"遗传漂变"。赖特的遗传漂变模型，在孟德尔遗传学和古利克设想的基于性质的随机性变化所产生的进化之间，架起了桥梁。古利克在夏威夷树蜗身上获得的想法，通过赖特的遗传漂变理论得以确立。

而遗传漂变理论，也因为对其做出数学描述的赖特之名，被称为"赖特效应"。但赖特自己，却用理论的先驱者加以称呼，称之为"古利克效应"。

动态平衡理论

对赖特而言，对遗传漂变做出数学描述，也是实现另一个目标——建立新的适应进化理论——所必需的步骤。关于适应的前进方向，赖特这样认为：

在大规模的均匀群体中，基于自然选择的进化，并不能有效发展，适应也会面临瓶颈。那么，如果相互间存在少许隔离，分隔成许多小群体，情况又会怎样呢？在这种情况下，遗传漂变的效果将会很强。如果基于遗传漂变的血缘相近个体间的交配（近亲交配）不断发展，就会产生表达有害基因、导致生存率下降的近交衰退（inbreeding depression），从而降低小群体的平均适应度。但在另一方面，抑制性状变化的基因消失，原本被隐藏的变异得以展现，这时自然选择就会发生作用，于是便会筛选出具有有利性质的个体。之后，该个体转移到其他的小群体进行交配，或者与其他小群体转移来的个体进行交配。而这种来自不同遗传谱系的小群体的个体间交配，既能让群体从近交衰退中恢复，同时也会将自然选择筛选出的有利性质扩散到整个群体，从而实现更高水平的适应。

对于赖特的这一思想，可以举个例子来帮助理解。比如说，考虑搬家时如何搬运桌子之类的大件家具。当狭窄的走廊墙壁卡住了巨大的家具时，如果只是埋头继续往前推，往往并不能推动家具。这时候需要把家具往回稍微拉一点儿，左右随机晃动几下，然后再往前推，才有可能避开墙壁，顺利搬出去。

赖特将这种进化比喻成登山。登山需要地图。自己正处在什么位置，需要通过地图上的位置来展现。赖特则用地图上的位置来表示某个基因座被什么样的等位基因组合占据，也就是说，个体具有什么样的基因型。整张地图是由一切可能存在的等位基因组合构成的一切基因型，而某个具有特定基因型的个体适应度则用标高表示。如果个体的某个性质由两个基因座决定，那么每个基因座上的基因型可以分别用经度和纬度表示。尽管基因型不是连续的数值，用纬度和经度来表现会有不协调感，不过这个小问题可以忽略不计。

总之，经过这样的转化，基因型和适应度之间的关系，就变成经纬度地图上的位置和标高之间的关系，而整个群体也就表现为若干山峰和山谷的地形图。赖特将之称为"适应性地形"。构成群体的个体基因型，也就是其在地形图上的位置，随着世代推移，在自然选择的作用下，不断向适应度更高的位置，也就是山上标高更高的位置移动，直到登上山顶。

一旦抵达了一处山顶，即使还有其他更高的山峰，个体通常也不会再去那里。要攀登其他更高的山，必须先下山、穿过山谷。实现这一功能的，是遗传漂变。仅靠自然选择，不能登上最高的山峰。要攀登更高的山峰，需要通过遗传漂变的效果，从当前所在的山顶暂时下降到山谷。

赖特使用适应性地形，不仅解释了个体所具有的基因型的变化，也解释了群体所具有的基因构成的变化。在适应性地形下，群体中的等位基因频率，表示为地图上的位置；而该群体中的个体适应度平均值，表示为地图上的标高。

如果基因座的数目是两个，可以将适应性地形类推为易于理解的三维空间图案。但实际上，相互关联的基因座数不胜数，所以会出现100维、1000维之类难以想象的空间地形图。

动态平衡理论，与费希尔的进化理论形成鲜明的对比。费希尔认为，适应性的提升，仅靠自然选择就够了，然而赖特认为并不够。费希尔认为，适应性在大规模的统一群体中提升速度最快；而赖特认为，分割成无数小群体的状态，才是适应度提升最快的。

在许多观点上，费希尔与赖特都是对立的。费希尔以理念引导构建理论，而赖特是从实际的生物观察中归纳出理论。费希尔认为简单就是最好，而赖特认为仅靠简单是不够的。

如果还要再加上一点，那就是赖特和费希尔不同，他对优生学毫无兴趣。尽管时代背景是不断扩大的优生学思潮，赖特甚至还一度被列为优生学协会会员，但从学生时代起，冷泉港实验室的达文波特所做的优生学讲座，对他而言都是无聊的内容。

疑问

费希尔发表于 1918 年的论文，给赖特留下了深刻的印象。在那之后费希尔继续不断地发表论文，也让赖特兴奋难耐。每篇论文都充满刺激。费希尔使用的数学，是赖特以前从未见过的。赖特辛苦地追踪着公式解法中那些他不习惯的技巧，同时也获益良多。

不过，在读 1922 年的论文时，赖特产生了一个疑问："费希尔是不是计算错误，将遗传漂变的效果估计得太小了？"赖特用自己的方法求得的结果，与费希尔的结果不同。六年后，费希尔又发表论文，用自然选择来解释显性基因与隐性基因的进化，更加深了赖特的疑问。根据豚鼠的数据，赖特完全无法赞同费希尔的解释。但费希尔还引用了赖特的豚鼠研究，作为支持其解释有效性的证据。赖特忍不住发表了评论，给出自己的计算结果，并质疑费希尔的结论。

一开始，费希尔好像没有明白赖特的意图。但随着赖特继续发表评论，他终于理解了赖特批评的真正含义。费希尔迅速发表了反驳的评论，指责赖特的计算有误。费希尔还说，"赖特将问题想得过于复杂了"。

实际上，赖特的计算确实有误。但赖特一方面承认自己的错误，另一方面继续通过论文和书信展开辩论。其中，他也提出了自己对 1922 年论文的疑问。他指出："费希尔是不是计算错误，将遗传漂变的效果估计得太小了？"

赖特还将撰写中的论文原稿寄给费希尔，征求后者的意见。在这篇论文中，赖特根据自己多年来构建的理论，展示了遗传漂变会给群体带来怎样的变异分布。

对于赖特的攻势，费希尔是如何应对的呢？

在收到若干载有评论的书信之后，费希尔给赖特写了最后的回信。在信中，费希尔重新审视了自己发表于 1922 年的理论，认识到自己的结论有误，赖特的批评是正确的。虽然他依然否认遗传漂变的重要性，但赖特的批评让他注意到此前一直忽略的重要问题，他在信中对此表示了感谢。

这是一封令人欣慰的书信。看起来，两位理论家之间的关系，将会向着友好的方向进一步发展，结出累累硕果。但是，这封信中的感谢话语里隐藏的含义，很快给赖特带来了无尽的痛苦。

对立

在那之后，费希尔很快修订了自己的理论，重新发表了论文，并把论文收录在自己的著作中。

但其实他所做的不仅仅是修订，还发表了关于遗传漂变导致变异分布的结果。这正是赖特向他展示的论文原稿中的内容。而且赖特的计算有误，而费希尔发现了这个错误，并将之修正以后发表在自己的论文里。

这时候，赖特的论文还处在修改阶段，尚未发表。

至于如何解释该结果，费希尔和赖特的观点截然不同。费希尔认为，只有在特定条件下，遗传漂变才会在进化中产生重要作用。但在赖特看来，费希尔的行为是对他的沉重打击。

此后不久，赖特公开发表书评，评论了费希尔倾注心血的著作《自然选择的遗传学理论》。

在书评中，赖特首先阐述了费希尔著作的历史意义，高度评价"这本书无疑是对进化理论的最高级贡献"。他还回顾了自己与费希尔此前的交流，写道："尽管我们采用完全不同的方法计算，但数学结果完全一致。"不过在这段话之后，他也不忘加上说明，指出他们对结果的解释完全不同。

而这篇书评的其他大部分内容，都是对费希尔理论的批判。比如，书评中认为，费希尔低估了遗传漂变的影响，自然选择并不能在费希尔设想的大而均匀的群体中有效地推动进化，等等。赖特将自己对费希尔著作的评论，变成展示动态平衡理论的场所。他还强烈批判了费希尔的理论核心，"自然选择的基本定律"——"生物在某一时刻的适应度增加率，等于该时刻适应度的遗传方差"：

"（这个定律）只能在基因间不存在相互作用的情况下成立。而事实上，由于基因间具有各种相互作用，所以它们对（群体的平均）适应度具有重要影响。""只要环境没有变化，（群体的平均）适应度迟早会停止增长。"

在费希尔看来，赖特对基本定律的批判，很像是故意的挑衅。费希尔的定律并不是赖特批判的那种描述群体适应度的理论。可以想象，费希尔对赖特的批判会有多恼怒。

就这样，两个人的对立不断加深。

※※※

1932 年，赖特发表了动态平衡理论，他引用了夏威夷树蜗与帕图螺的研究作为证据。自然选择所导致的适应，是否足以解释进化？遗传漂变所产生的随机性非适应变化是否也很重要？围绕这些问题，费希尔与赖特之间产生了根本性的对立。就在同一年，克拉姆托结束了南太平洋的漫长探索之旅，就帕图螺类发表了最后的综述。

第三章

大蜗牛论战

在平缓起伏的山丘上，牧场和麦田画出马赛克的图案，欧洲山毛榉在交界处构成茂密的丛林。道路转了一个大弯，穿过人迹罕至的草原和森林，延伸到远方，路边散布着绿色树篱围起来的砖瓦民家。

这里是英格兰南部，是充满魔物与精灵气息的土地，至今还流传着奇异的传说。在矮秆草木茂盛的白垩丘陵上，有一幅神秘的白色马匹画像，被称作白马图。在白马图南面大约 20 千米处，有一座巨大的石柱圆阵——"巨石阵"，盘踞在辽阔的草原中，据说那是祭司的杰作。

1949 年，亚瑟·凯恩与菲利普·谢泼德开始在这里工作，目标是解开进化之谜。吸引他们的不是怪物，也不是精灵。他们的研究对象，是像精灵一样可爱美丽的蜗牛。在茂密的牧草和树林中，体长约 2 厘米的森林葱蜗牛（图 3）就像葡

图 3　森林葱蜗牛的交配。英国马尔堡丘陵地区，感谢林守人供图

萄串一样繁多，它们的外壳五颜六色，有黄色、粉色、橙色、褐色等，如同涂抹了颜料般艳丽。许多个体的外壳上都有黑色条纹，像是用马克笔飞快画出来的。

两个人在草地和树林里寻找蜗牛。这里到处都是茂密的荨麻，不小心碰到就会疼痛难忍，两个人在这样的环境中寻找附在草叶上的森林葱蜗牛，捏起来扔进布袋里。

杜布赞斯基

时间回溯到大约 15 年前。赖特发表的一系列进化理论，强调了遗传漂变的效果，引起广泛关注。遗传漂变理论认为，随机的非适应性进化和变异，在自然选择上是中立的。

中立的含义是指，不同变异之间，不具有自然选择效果上的差异，但这并不是说不产生有利于生存的功能。不产生功能的性状或基因变异，自然选择当然不会生效。但即使变异会产生某种功能，只要不同变异所产生的功能完全相同，在自然选择的效果上没有差别，那么这些变异依然是彼此中立的。

举例来说，在当时的年代，许多人认为蜗牛外壳的纹理不具有功能，也就是说，从自然选择的角度看，纹理没有任何用处。但即便纹理具有某种功能，只要不同纹理所产生的功能之间没有丝毫差异，它们就依然是中立的。而且从实际情况来说，即使功能之间存在少许差异，也有可能出现中立的情况。如果差异很小，那么随机变化（也就是遗传漂变）的效果，有可能超越由这些差异所产生的自然选择的效果。赖特就曾指出："在蜗牛这种由细致分化的群体构成的生物中，遗传漂变的效果压倒了自然选择的效果。"

赖特的这一断言，当时的许多研究者都是毫无抵触地接受了，尤其是分类学者非常欢迎这一论断，因为当时大部分分类学者都相信，"在体现物种差异的性质中，大部分都是非适应性的"。而古利克的夏威夷树蜗研究、克拉姆托的帕图螺研究，以及他们所揭示的，变异的非适应性且随机性进化的过程，也得到广泛的认可。他们的成果，也被赖特用来为自己模型的正确性做证明。有自然界的实际案例支持随机性进化的思想，这是很大的优势。

有一位遗传学家被动态平衡理论——赖特用山与谷的比喻所描绘的进化理论——深深吸引，宛如陷入爱河。他就是狄奥多西·杜布赞斯基。杜布赞斯基出生于俄罗斯，从少年时期开始就是狂热的蝶类收藏者，他后来在瓢虫的自然史研究中倾注热情，之后来到美国，加入摩尔根的实验室，开展利用果蝇进行的遗传学研究。杜布赞斯基本以为摩尔根的实验室在全世界都享有盛名，必然堆满了各种昂贵设备，是犹如天堂的研究室，然而那只是他在出发去美国之前的想法。

抵达之后才发现，那里小得可怕，没有令人满意的设备，而且简陋、肮脏，比列宁格勒大学的所有研究室都要糟糕，这让他大吃一惊。但更令他惊讶的是，这里有着前所未见的开放程度，是充满热情、兴奋和智力激荡的交流场所。在强者云集的研究室里，杜布赞斯基埋头于染色体构造的研究，取得了若干成果，逐渐崭露头角。

对他进行实质性指导的，是绘制染色体图谱的先锋，阿尔弗雷德·斯特凡特。对进化怀有强烈兴趣的杜布赞斯基，发现在拟暗果蝇的野生群体中存在着形态相同但染色体倒位而构造相异的多态性。这些染色体类型不同的果蝇相互交配而产生的雄性，没有繁殖力。所以，这种多态性是研究物种分化机制的绝佳材料。于是，杜布赞斯基和斯特凡特一起开始考虑运用这种野生群体进行研究。这也是自 19 世纪末以来，将天差地别的实验生物学和野生生物学加以融合的尝试。

就在着手准备的时候，杜布赞斯基在某次学会上听到了赖特的演讲，立刻就被他的理论迷住了。拟暗果蝇中所见的染色体多态性，最适合证明基于遗传漂变的进化，以及动态平衡理论的威力。

于是，斯特凡特将杜布赞斯基介绍给赖特。可谓奇遇的是，赖特学生时代参加的科尔德斯普林港实验室暑期学校中，仅有的几个能与赖特交流的朋友之一，摩尔根的学生、埋头于果蝇采集的人，正是斯特凡特。杜布赞斯基迅速担负起赖特理论的传道角色，并且与赖特开始了共同研究，通过野外调查和实验来证明这一理论。

战斗开始

对于费希尔来说，赖特的理论受到追捧的情况，实在令人厌恶。他坚持自然选择才是唯一的实质性进化机制。费希尔认为，要击败赖特的理论，需要现实中的生物案例来证明自己模型的正确性。而满足这一要求的对象，是英国最常见的蜗牛，森林葱蜗牛。研究它的是业余博物学家，西里尔·戴弗。

于是费希尔将戴弗拉进适应主义的阵营，迅速启动交配实验，研究森林葱蜗牛的遗传模式，如黄色、粉色、褐色等不同底色的差异，黑色条纹的有无，等等。这些特征组合体现出森林葱蜗牛的多态性，接下来就是等戴弗找到这些多态性与生活环境之间的适应性关系了。如果能从蜗牛的变异中分析出自然选择的效果，那么极大依赖蜗牛证据的赖特，就会失去理论的依据。

费希尔的计划是合理的，但在执行中出现了意料之外的情况。戴弗采取了未曾预想的行动，给了费希尔沉重的打击。

戴弗变节的征兆，出现在 1936 年英国皇家学会举办的学会上。他和费希尔一同参加了该学会，并做了演讲。戴弗在演讲中说："新物种的进化，可能涉及各种过程。"对于森林葱蜗牛的纹理所显示的地理性变异，他始终未能找到适应性的影响因素，因而越来越倾向于认为，仅靠自然选择无法解释这种现象。不久，戴弗发表论文称，森林葱蜗牛的进化是基于赖特所展示的过程，即在相互隔离的无数小群体中，遗传变异的随机性变化导致了森林葱蜗牛的多态性。

杜布赞斯基在自己的著作中引用了这个等待已久的研究成果。他写道："在森林葱蜗牛中，随机性进化、非适应性进化占据主导地位，正是它引起了群体的分化。"这本书出版于1937年，1941年再版，日后被认为是综合论的代表性著作之一。在著作中，除了森林葱蜗牛，杜布赞斯基还列举了夏威夷树蜗、帕图螺、昆虫、鱼和植物等实例，它们都能在色彩和形态上辨认出多态性。他还举出自己在果蝇研究中发现的染色体多态性，得出结论说，这些都是彼此没有适应度差异、中立于自然选择的变异，它们所显示的遗传分化和地理性变异，是基于遗传漂变的进化结果。在这本书中，杜布赞斯基阐述了赖特的动态平衡理论，给出了清晰易懂的解说。他同时还强调了遗传漂变机制的重要性。正是通过他的著作，这样的认识普及开来："多数变异都是非适应性的，或者是中立于自然选择的。在进化中，遗传漂变具有不可忽视的重要作用。"

朱利安·赫胥黎、恩斯特·迈尔这些综合论的代表学者，也在 1942 年各自出版的著作中阐述了遗传漂变的重要性，将之称为"赖特倡导的进化过程"。他们也看中了森林葱蜗牛的多态性，选择它作为中立变异的实例。迈尔写道："在能观察到的遗传多态性性状中，至少存在一些性状，对生存率不会产生任何影响。例如蜗牛的不同纹理、色带的有无等。没必要为之设想明确的适应性差异。"

仿佛是要乘胜追击一般，赖特也发表了论文，再度给予费希尔痛击。即使在费希尔所设想的个体数很多且均匀分布的大群体中，赖特也通过理论和野外的植物群体，实证性地展示了遗传漂变所导致的群体在遗传上的分化。这是给予适应主义阵营的巨大打击。

对于费希尔来说，事态持续恶化。

此时支撑费希尔的，是他的盟友福特。灾难之源在赖特，要阻止更多的灾难，必须从源头上反击。他们带着这样的想法，做出秘密的应对。

费希尔和福特着眼的是，如何证明遗传漂变的效果并不具有普遍性。他们决定将攻击目标集中在"普遍认为中立于自然选择的多态性"上。费希尔和福特的计划是，证明在地理隔离的小群体中——普遍认为遗传漂变最能发挥威力的生物谱系中——观察到的多态性，实际上还是自然选择在起作用。这是他们对赖特攻势的反击。

福特为此选定的研究对象是昼行性飞蛾，猩红丽灯蛾。这种飞蛾的前翅为蓝色，下面生有火焰般鲜红的后翅。一般认为，这种飞蛾中不仅存在各基因型相异的颜色多态性，而且缺乏移动性，是规模极小的群体。这正是福特他们想要的材料。他们的目标是，证明猩红丽灯蛾随时间变化的多态性频率，并不是遗传漂变的结果，而是自然选择所导致的。

福特从全英选拔富有才干的学生，集中到他在牛津的研究室。他们是抹杀遗传漂变效果的强大"刺客"。不久以后，福特培养的精锐，继承福特和费希尔的意志，在不利的战局中开始了反击。

反击

亚瑟·凯恩，做过陆军少尉，负责用对空雷达捕捉敌机并迎击。在1945年第二次世界大战结束时，他终于回到牛津大学，返回梦寐以求的研究工作，继续攻读博士学位，开始研究组织化学。有一次，他被派去做一名研究生的顾问。根据那名学生的自述，他在开战时志愿报名成为航空兵，但座机不久就被德军击落，此后三年，他一直过着战俘生活。那名学生后来还参加了德国第三航空兵战俘集中营的逃亡行动，挖掘了逃亡用的隧道。那段经历后来还被拍成过电影。再后来，在即将成为苏联军队俘虏的时候，他成功逃脱，回到了牛津。

那名学生，菲利普·谢泼德，在福特的领导下，开始了猩红丽灯蛾的遗传多态性的研究。谢泼德告诉凯恩，自己和福特致力于在野外研究进化和自然选择的问题。凯恩本来就是博物学家，自年少时起就熟悉各种动植物。与谢泼德的谈话，让他心痒难耐。

这次交流，对凯恩的未来方向产生了决定性的影响。1948年获得学位后，凯恩决定转向生物进化的研究。

然后有一天，谢泼德来到凯恩的房间，抱怨研究材料猩红丽灯蛾的变异太少了。凯恩把森林葱蜗牛的壳撒到桌子上给他看，并说道："这么明显的多态性差异，你能相信它们彼此中立吗？"

两个人当即决定研究森林葱蜗牛的多态性。不久，他们来到英国南部，开始调查谢泼德的故乡马尔堡到牛津这片地区的森林葱蜗牛外壳纹理和色彩变异的情况。他们一共选取了25个地点，在这些地点采集了森林葱蜗牛。他们根据蜗牛外壳底色的不同，将之分成黄色、粉色、褐色等类型，再从纹理的差异区分出更多的类型，比如无条纹的、有一根黑色细条纹的、有五根黑色条纹的、有三根不同粗细条纹的，等等。在此基础上，再确定各类型的遗传模式。他们发现，在决定底色的基因中，粉色或褐色对黄色是显性的；在决定条纹的基因中，无条纹类型对其他类型是显性的。另外，表达无条纹类型的基因，与表达粉色或褐色底色的基因是连锁的……

他们还发现，外壳的底色与条纹的有无，和生活地点的植被有着密切的关系。比如，诸如草地或树篱这样被绿叶覆盖的地方，黄色外壳的比例高；而山毛榉林这种光线昏暗、满是褐色落叶的地方，粉色或褐色外壳的比例高。这种关系在相距很远的地方也能看到，呈现出遗传漂变无法解释的明显规律性。蜗牛的食物并不会改变其外壳的颜色。那么，这是自然选择的结果吗？如果是的话，那到底是对何种生存压力的适应呢？

凯恩和谢泼德推测，这是对鸟类捕食的适应。黄色的外壳，在背阴处会呈现偏绿色。所以，在背景为绿色的地方，黄色是否会显得不太醒目，因而成为一种伪装色？而在背景不均匀、明暗交错的地方，黑色条纹是不是更容易融入背景中的阴暗部分，让捕食者难以辨认外壳的轮廓？为了验证这一假设，他们调查了鸟类会捕食什么颜色和纹理的森林葱蜗牛。在这一地区，捕食蜗牛的鸟类主要是欧歌鸫。它们捕食蜗牛的方式有点儿奇怪：发现蜗牛后，它们会叼起蜗牛，在附近的平坦石头上敲碎外壳。所以在大而平坦的石头周围，会散布许多欧歌鸫敲碎的蜗牛外壳。调查这些外壳碎片，便可以很容易地了解欧歌鸫捕食的蜗牛的外壳颜色和纹理。

结果很明显。夏天草叶茂盛，蜗牛的生活环境中绿色增加，于是欧歌鸫捕食的蜗牛外壳里，黄色外壳明显减少。在绿色环境中，黄色是伪装色，所以欧歌鸫很难发现黄色的外壳，黄色外壳对自然选择是有利的。

自 1950 年起，凯恩和谢泼德通过一系列论文发表了这项研究成果。这一研究首次证明了自然选择的效果，给学界带来极大冲击。凯恩在论文中写道，"认为某种性质并非适应性的人，仅仅暴露了自己并不知道该项性质在适应什么"。这正是 60 年前华莱士对古利克所做的批评。

凯恩和谢泼德在 1950 年的论文的最后总结道："除了森林葱蜗牛，帕图螺和夏威夷树蜗的案例也被视为遗传漂变机制的进化证据。但是，这些研究并没有给出确凿的证据。迄今为止所有被认为是遗传漂变结果的案例，都必须重新加以审视。"

完全相反的结论

这确实是漂亮的一击。如果科学是一场以真理为奖赏的宏大博弈，那么这时大约已经分出胜负了吧。在他们看来，也许就像是自信已经 KO（击倒）对手的拳击手，背对倒下的对手，面朝欢呼的粉丝，举起手套摆出华丽造型的感觉。

但是，博弈没有那么容易决出胜负。本以为击倒对手的凯恩他们，同时也遭到了强有力的攻击。

他们不知道，在多佛海峡对面，差不多同一时期，也有一个人，同样使用森林葱蜗牛，用和他们类似的方式，在研究同样的问题。但那个人宛如镜像一般，得出了与他们截然相反的结论。

自从 1940 年被德军入侵以来，法国的大学纷纷荒废，无法在实验室开展研究。于是，有位研究者将研究场地转移到野外，开始使用容易获取的森林葱蜗牛进行群体遗传学研究，他就是马克西姆·拉莫特。当然，拉莫特也不知道凯恩和谢波德的研究。拉莫特首先做的，和凯恩他们完全一样，都是根据森林葱蜗牛的外壳底色和纹理差异区分类型，调查它们和环境的关系，然后再研究被鸟类破碎的外壳底色和纹理，尝试验证自然选择理论。拉莫特设想的颜色和条纹的遗传模式，也和凯恩他们相同。

拉莫特从多达 900 个地点采集森林葱蜗牛，调查每个地点的无条纹类型与有条纹类型的比例。而他得出的结论是，这一比例的地点间差异，是由遗传漂变随机决定的，鸟类的捕食和栖息地的环境对此几乎没有影响。

他并不是否定自然选择的效果。拉莫特的结论是："与自然选择相比，遗传漂变的效果更强、重要性更高。"

1951 年，拉莫特将这一研究成果发表为足有 239 页的法语论文。

凯恩和谢泼德看到了拉莫特的研究，但无法接受他的观点，他们立刻开始对实验方法和结果的解释展开批判。另一方面，拉莫特也不断追加新的结果，加以对抗。

其中之一，是森林葱蜗牛的同属近缘种花园葱蜗牛的多态性比较研究。这两种蜗牛生活在一起，鸟类捕食时并不会区分。如果是捕食者压力导致的自然选择带来了差异，那么某种颜色的森林葱蜗牛越多，同样颜色的花园葱蜗牛也应该越多。换句话说，两者的频率应当呈现正相关。但是，对比外壳不带条纹的个体频率，发现在两个物种之间看不出正相关性，这说明鸟类捕食带来的自然选择并不重要——拉莫特再次得出这个结论。

他还注意到外壳颜色与温度之间的关系。如果受到长时间的日光暴晒，蜗牛会因体温过高而死亡。拉莫特通过实验证实，和其他类型相比，黄色类型对极端高温和低温的忍耐度都要更高，所以在野外群体中调查黄色类型所占的比例，就平均值而言，确实是生活在开阔地区、更容易受到阳光直射的群体中比例更高。这似乎是支持适应主义观点的证据，但实情并没有这么简单。

因为如果不看整个群体的平均值，而是只看一个个小群体，也有很多群体中的黄色类型比例较低。自然选择无法解释这种情况。而拉莫特认为，根据赖特的理论，可以用遗传漂变的效果完美解释这些数据。他的结论是："在森林葱蜗牛的多态性中，遗传漂变的效果超越了自然选择的效果。"

1959年，经过长达10年的研究，拉莫特在冷泉港实验室举行的研讨会上发表了一系列成果。赖特和杜布赞斯基也出席了这场研讨会。拉莫特的演讲被视为献给遗传漂变阵营的最佳礼物。在拉莫特的演讲结束后，赖特如此评价："我认为，拉莫特博士的结果表明，对于森林葱蜗牛的基因频率变化，遗传漂变发挥着极大的作用。"

但是，赖特接下来的发言，却令人十分意外："不过，我们并不能从这样的研究中看出遗传漂变对于进化的重要性。"

正如威廉·普罗宾等科学史学家所指出的，其实在这个时期，赖特自己已经不再强调遗传漂变的进化意义了。对他而言，重要的不再是遗传漂变，而是动态平衡理论。

剩余的课题

形势已经发生了变化。20世纪50年代以来，以谢泼德为首的福特的学生们，在猩红丽灯蛾的研究中纷纷获得成果，迅速积累了许多自然选择的证据。赖特一开始还在杂志上发表评论，强烈批判这些研究成果，但他逐渐也不再做出反应。20世纪50年代中期，在福特的指导下，伯纳德·凯特威尔揭示出桦尺蛾的工业黑化是自然选择的结果，论战的走势日趋明朗。

在这样的时代氛围下，凯恩他们当然不认可拉莫特基于遗传漂变的解释。除了指责调查方法与环境区别方法中存在问题，他们还反复强调同样的批评："自然选择无法解释的变异，仅仅表示我们不知道与之相关的自然选择究竟是什么。"不过尽管凯恩充满自信，但后面等待他的却是出乎意料的发展。他自己的发现，把自己逼入了绝境。

那是他在马尔堡丘陵地区调查中的发现。凯恩注意到，这里的森林葱蜗牛多态性，呈现出他们此前完全未曾想到的奇特分布情况。特定颜色和纹理类型占多数的群体，均匀分布在广袤的地区，与生活地点的植被等并无关联。换句话说，他们发现了这样的情况：本来按照之前的研究中发现的模式，某些地点的群体中应当是黄色类型占多数，或者褐色类型占多数，但实际情况却是粉色类型占多数。而在距离这些地点仅仅100～300米的地方，环境毫无变化，群体中的多数却变成了其他类型。

一方面，同样类型的群体分布在广泛区域，不受周围环境的影响；另一方面，在极短的距离内又会出现完全不同的群体。这种地理性模式被称为地区效应，无法用鸟类捕食之类的自然选择加以解释。

很快便有人提出，"这是遗传漂变的结果"。也有人认为，"这是因为少数派的个体会从其他地方移动过来，导致比例变大"。赖特也加入了这一争论，他认为，地区效应正是动态平衡理论设想的情况：用若干山峰在适应性地形图上表示群体所抵达的状态。

但是，在解释这个现象时，凯恩坚决反对遗传漂变，哪怕部分提及也不行。他的最终解释是："地形等差异带来了微弱的气候差异，而对气候差异的适应结果，导致了这种地理性的模式。"但他没能提出什么证据。

事实上，凯恩他们还有一个无法解决的难题。在几乎所有的森林葱蜗牛中，都存在着各种类型的颜色和纹理。为什么每个群体中都能维持这样的多态性？他们对此无法给出有效的解释。如果是对鸟类的伪装色，那么同一个地点的群体，最终只应该剩下最有利的一种类型。

如果说杂合子比纯合子更有利于自然选择，倒是可以维持这样的多态性，但凯恩他们并没有找到相应的证据。最终他们的解释是，"可能是多种自然选择之间的平衡维持了这样的多态性，比如捕食压力和气候等其他因素的多重影响"。而拉莫特认为，它是"突变与遗传漂变保持平衡的结果"。这是围绕颜色和纹理多态性展开的论战在走向终盘过程中遗留下的最后一个攻防舞台。

挑战并基本解决这一系列问题，给这个时代的适应主义做出最终总结的，也是福特门下的精锐之一，布莱恩·C.克拉克。

败即是胜

伴随着第二次世界大战的爆发，当时还是少年的克拉克，从英格兰疏散到加勒比海的岛屿巴哈马。这是贝类的乐园，海滩上遍布美丽的贝壳，树上群聚着细长子弹状的蜗牛，那是名为花生蜗牛的加勒比群岛特有蜗牛。这里培养了他对贝类的感情。然而不久之后，留在英国经营皮革生意的父亲在德军的轰炸中身亡，克拉克一下子变得身无分文。

他在美国的朋友家里生活了一段时间，战争结束后回到英国，依靠奖学金读完了公学。后来他当上空军少尉，执行了三年的军事任务，然后进入牛津大学，在福特和凯恩的指导下，加入了森林葱蜗牛的研究。

就像拉莫特所做的那样，克拉克首先比较了森林葱蜗牛与其近缘种花园葱蜗牛的多态性。他选定底色为黄色的类型，逐个地点比较两个物种中纯色类型（无条纹类型）的出现频率，得到的结果和拉莫特一样，他也没能从中发现正相关性。

但克拉克注意到一个拉莫特忽略的奇怪现象。他的调查限定在开放环境中的黄色类型，结果发现两个物种的纯色类型的出现频率呈现负相关。也就是说，纯色花园葱蜗牛较多的地方，同样是纯色的森林葱蜗牛反而会减少。

这意味着什么呢？

克拉克想到了某个捕食压力引发自然选择效果的假说。他意识到，森林葱蜗牛的多态性上呈现出的模式，恰恰证明了那一假说的正确性。克拉克的解释是这样的：在开放环境中，花园葱蜗牛占据绝对优势，所以如果这个群体中本来就有较高比例的纯黄色类型，那么捕食它们的鸟类就会更多捕食到纯黄色的类型。而鸟类一旦成功捕食，就会获得相应的经验，产生这样的习性，继续寻找特征相同的食物。也就是说，在这个地点，鸟类记住了纯黄色类型是食物，因而倾向于寻找同样颜色的蜗牛。

而生活在开放环境中的森林葱蜗牛，几乎都是纯黄色类型，或者是仅有一根条纹的黄色类型，这两种类型的伪装效果几乎没有差异。于是，随着鸟类认识到纯黄色的是食物，它们的数量便会减少。

花园葱蜗牛又是什么情况呢？在开放环境中，还生活着具有五根条纹的黄色类型花园葱蜗牛。这种类型本来更容易在开放环境中受到捕食，是不利于在这种环境下生存的性状，但由于存在鸟类的学习效应，所以这种不利效果被抵消，没有强烈地表现出来，于是两个物种之间的纯黄色类型的出现频率便呈现出了负相关性。

克拉克于 1961 年取得学位，并在期刊上发表了这一系列成果。他的结论是，拉莫特视为遗传漂变结果的变异模式，大部分都可以通过这种受捕食者学习影响的自然选择来解释。

克拉克还通过这样的自然选择成功解释了为什么森林葱蜗牛能够维持颜色和纹理的多态性。譬如，如果褐色类型有利，比例增加，就更容易被鸟类发现，因而变得不利，于是褐色类型就会减少。但在减少以后，又会变得难以被鸟类发现，于是比例又会增加。通过这种数量减少就变有利的自然选择，森林葱蜗牛的多态性得以维持。克拉克认为，在各种动物中，通过这种"败即是胜"——少数者有利的自然选择（负的频率依存选择）——多态性得以维持。

接下来，克拉克又致力于解决地区效应的谜团。他建立数学模型，成功解释了神秘的马赛克般变异的地理性模式，仅用自然选择的效果便可以实现。

克拉克和赖特一样，设想了基因之间的相互作用。在地区间相异的遗传性质（占优势的生物型等），对应于赖特设想的适应性地形的山峰。与赖特不同的是，他认为使物种穿过适应性山谷的力，不是遗传漂变，而是自然选择。也就是说，克拉克展示了这样一种机制：不必假定能使遗传漂变发挥重要作用的群体构造，也不必假定存在奠基者群体，仅仅通过自然选择，便可以解释地区效应。

适应主义的胜利

如果森林葱蜗牛的变异是自然选择导致的进化，那么催生出夏威夷树蜗和帕图螺的无限变异的机制，应该也是自然选择吧。遗憾的是，古利克死后，夏威夷树蜗几乎灭绝，所以已经无法再挑战这个谜题了。不过幸运的是，帕图螺还在。

1962 年，克拉克与后来共同研究了 30 年的伙伴们前往南太平洋。

不久之后，他们成功确定了克拉姆托最终未能完成的外壳纹理的遗传模式，然后找到了克拉姆托未能找到的自然选择的证据。和森林葱蜗牛的情况一样，那也是通过鸟类捕食者的学习而产生的负的频率依存选择。帕图螺纹理中展现的无限多样性，是鸟类的视觉与捕食行动所引起的"败即是胜"的自然选择的结果。

就这样，步入成熟期的综合论，染上了浓厚的适应主义色彩。20 世纪 50 年代，迈尔和赫胥黎已经采纳了"遗传漂变在进化中并不重要"的立场，成为了适应主义者。就连杜布赞斯基，立场也转变为"进化最重要的驱动力是自然选择"。赫胥黎在自己的著作的修订版中如此写道："正如费希尔所指出的那样，遗传漂变导致的中立性质进化，并不像其提倡者赖特所设想的那么普遍。"

这是适应主义阵营的完全胜利。福特在1964年出版了《生态遗传学》，高调宣布己方阵营的胜利。

之后的赖特与费希尔

后来，赖特继续坚持自己的立场，认为"遗传漂变的作用仅仅是让自然选择产生的适应更有效率"。对那之后的他而言，更重要的终究是动态平衡理论，是适应进化。那么这一理论正确吗？

直到1988年98岁的赖特去世后，还是有许多研究者一直在探讨动态平衡理论的正确性，但始终没有得到答案。不过正像杜布赞斯基经历过的那样，直到今天，还有许多进化学家都为这一理论倾倒。就像适应性地形的概念，构成这一理论的若干思想，此后不断变换各种形式，被用于解释进化过程，培育出新理论的萌芽。

而费希尔后来又怎样了呢？毫无疑问，在现代进化学的一切领域，他的理论都成为重要的基础。在他构筑的理论框架上，进化理论绽放出绚丽多彩的花朵。费希尔留下了伟大的业绩，并被授予了爵士称号，但最终，他真正的梦想并没有实现。他在伦敦大学开设的优生学讲座，随着第二次世界大战的爆发而停止，他只能返回洛桑试验站。在大战中，他经历了长子战死、婚姻破裂的悲剧，虽然后来得到了剑桥大学的邀请，但并没有建立起他所期望的那种遗传学或优生学的系部。1957年自大学退休后，他移居澳大利亚，在福特出版祝贺胜利的著作的两年前去世。

※※※

正如历史上少有永远的胜利者，围绕科学假说的论战中，永远的胜利也并不常见。看似被克拉克解决的森林葱蜗牛的地区效应，实际上解释得并不充分。到了20世纪80年代，凯恩门下的罗伯特·卡梅伦，想到了另一种过程。卡梅伦认为，地区效应反映了发生在过去的分布的扩大与缩小。与此同时，其他的假说也纷纷出现，同样设想了各种过程，围绕这个谜题，呈现出百家争鸣的状况。最终，克拉克门下的安格斯·戴维森得出与老师截然不同的结论，不过那是很久以后的事了。

遗传漂变又如何呢？

这个由古利克提出、在赖特手中发展壮大的非适应性进化、随机性质的思想，似乎被埋葬在适应主义的胜利中，消失在进化的舞台上。

不过事实并非如此。它在离开了赖特以后，又如不死的魔物一般，改头换面"附身"在别的主人身上。很快它便会华丽复活，又一次在进化学上卷起激烈的论战。

第四章

日暮道远

这是南方来的季风将湿润的空气送到东亚的季节。田地里水稻绿意盎然，淡蓝色的绣球花引人注目。这样的梅雨时节，正是这里的蜗牛一年中最活跃的时候。雨后，长满苔藓的庭石与灰泥围墙上爬满了蜗牛，大多是同型巴蜗牛（图4）。它们是日本各处田野、庭院和路边草丛中的常见种类。

图4　同型巴蜗牛

在亚瑟·凯恩和马克西姆·拉莫特围绕森林葱蜗牛的多态性展开激烈论战期间，在遥远的地球背面，也有两位日本人向这一论战发起勇敢的挑战。他们是驹井卓与江村重雄，而他们的"棋子"就是同型巴蜗牛。这种蜗牛存在外壳底色和条纹有无的多态性，是加入自然选择与遗传漂变论战的绝佳材料。

他们在日本以及中国台湾的 86 个地点，采集了 103 个群体的数据，并进行了缜密的实验，研究同型巴蜗牛的多态性地理模式中最重要的因素是什么。他们的结论是，基于遗传漂变的随机进化带来了这样的结果。他们于 1955 年在 *Evolution* 上发表论文，其缜密的阐述和对适应主义的明确反驳，让欧美研究者大为吃惊。

那时候距离战争结束仅仅过了 10 年，他们便通过蜗牛加入到当时进化生物学最前沿的论战中。为什么他们能在那个时代达到如此高的研究水准呢？

某个少年

让我们将时间回溯到大约 100 年前。

有个生活在美国缅因州波特兰的少年，对收集蜗牛充满热情。他不爱学习，在校成绩很差，在逃学和退学间反反复复，唯有对贝类的热情超乎寻常。招收他入学的高中，最终给了他退学处分。少年在一家小公司做制图工，继续埋头于蜗牛的收集和研究。1854 年，18 岁的时候，他发现了直径约 2 毫米的肋瓦娄蜗牛新种。

由于这个发现，还有他收集的大量蜗牛标本，少年在贝类研究者中逐渐变得知名起来。不久，他遇到了哈佛大学的路易斯·阿加西，成为他的助手。与阿加西的相遇，改变了他的一生。他跟随阿加西正式学习生物学，开始展露出研究者的素质，其对蜗牛等贝类的研究成果也得到认可，并在1871年获得鲍登学院的职位。

1877年，他来到日本，就任东京帝国大学教授。这位贝类学家，就是构筑了日本动物学基础的爱德华·莫尔斯，也是闻名于世的大森贝冢的发现者。

他的老师阿加西仇视生物进化理论，与达尔文水火不容。阿加西的理由是，生物进化与他观察到的事实不符。阿加西也是古生物学家，他认为，化石记录所显示的生物历史消长模式，无法用进化解释。如果确实存在生物进化，那么从祖辈到后代，必然能观察到各种中间形态的物种变化。但在当时，人们并没有找到那样的化石记录。一旦世代改变，上一个世代繁荣昌盛的物种便突然消失，取而代之的是形态完全不同的物种。阿加西认为，这种化石记录的不连续性，无法用进化解释。

达尔文对此的反驳是，化石记录并不完整。生物死后能否成为化石，受到条件的限制，所以化石记录就像零散的古文书一样，进化中途的物种很少以化石形式保留下来。但是阿加西极端重视观察事实，他留下过这样的名言："不要向书本学习，要向自然学习。"对他来说，当然无法接受这样的解释。

阿加西还有一个理由。他知道有些生物在漫长的地质年代间，形态没有任何变化。从古生代至今，形态几乎没有变化的舌形贝就是一个例子。他认为，像这样的"活化石"，正是否定进化的证据。

在阿加西门下学习的时候，莫尔斯也对舌形贝产生兴趣，并在阿加西的劝说下开始了相关的研究。

随着研究的进展，莫尔斯逐渐意识到，舌形贝虽然外表像贝类，但它并不是贝类这样的软体动物，而是完全不同的类别（现在的腕足动物门）。他发表的关于舌形贝分类系统的论文被达尔文看到，由此开始了和达尔文的交流。也是因为这项研究，他开始否定老师的想法，转而积极接受了达尔文的生物进化思想。

他之所以前往日本，也是因为在日本能够更容易地获取舌形贝，进一步推进这项研究。

顺便说一句，1867 年，莫尔斯和四个朋友成立了美国博物学家学会，并发行了学会杂志《美国博物学家》。这份杂志的创刊号卷首论文，是莫尔斯关于蜗牛分类的文章。他还在杂志上画了一幅蜗牛伸长柄眼观察显微镜的幽默画。

后来，《美国博物学家》成为刊登进化生物学与生态学重要理论研究的平台。赖特与费希尔的论战，也是在这份杂志上展开的。随着时代的发展，杂志的理念发生了很大的变化，但这份杂志与学会的标识，至今用的还是莫尔斯所画的蜗牛画，将莫尔斯的风采流传至今。

阿加西的谱系

莫尔斯因偶然成为日本动物学的奠基者，这在某种意义上也决定了日本动物学的发展路线。1879 年，莫尔斯离开日本，他推荐的接任者是同为阿加西学生的查尔斯·惠特曼。惠特曼和莫尔斯不同，是发育生物学家，对达尔文的自然选择理论也持否定态度。但他和莫尔斯一样，都贯彻了老师阿加西的研究风格，"不要向书本学习，要向自然学习"。再后来，接替惠特曼成为东京帝国大学动物学科第一位日本人教授的是箕作佳吉，其在美国约翰斯·霍普金斯大学求学时的老师是威廉·布鲁克斯，后者是莫尔斯的朋友，也曾是阿加西的学生。不论是否支持达尔文，日本的动物学，都是阿加西的直系。

顺便说一句，箕作的老师布鲁克斯，也是上一章出场的托马斯·摩尔根的老师。布鲁克斯除了邀请摩尔根去哥伦比亚大学之外，也是埃德蒙·比彻·威尔逊的老师，就是那位培养了亨利·克拉姆托、指导他研究帕图螺的威尔逊。

驹井是箕作的徒孙辈，也继承了阿加西的谱系。他从东京师范学校进入东京大学，在京都大学获得职位后，于1923年选择去哥伦比亚大学的摩尔根研究室留学。

由于摩尔根拥有轰动世界的名声，因而驹井对他的研究室设备满怀期待，然而实际情况与他的预想大相径庭，让他非常吃惊。驹井如此描述当时的所见："一幢坐落在校园角落里的古典砖瓦楼，而且只有四楼才是动物研究室，又小又破，脏兮兮的。教授和整个团队都挤在一个房间里，就像镇政府的办公室，桌子挨桌子，排得密密麻麻，简直塞不下人""斯特凡特整天烟斗不离嘴，大大的眼珠下面是大大的鼻孔。布里奇斯脸长得跟红猴子一样。马勒脸上有一道长长的伤痕。摩尔根教授有种土匪的气质，这几位也好不到哪儿去"。

驹井在摩尔根门下借用果蝇学习遗传学，三年后回日本，将当时世界最前沿的遗传学引入日本。他在果蝇的突变等研究中取得成果，又以瓢虫的多态性为材料，投身进化学的研究，成为日本进化遗传学的先驱。战后，他搬到新设立的日本国立遗传学研究所，1953年根据雌性斑缘豆粉蝶和日本翠灰蝶的颜色和纹理，确定了它们的多态性遗传模式，并发表论文，讨论了基因型带来的适应度差异。

可想而知，致力于推动进化学研究的驹井，对蜗牛的多态性也会有浓厚的兴趣。不过，仅仅出于兴趣，还不足以让驹井加入两个阵营间趋于白热化的蜗牛论战。

事实上，在那个一度战火纷飞的年代，有一位贝类学者所做的研究达到了奇迹般的高度。他就是江村重雄。江村最前沿的贝类学，与驹井最前沿的遗传学，通过同型巴蜗牛的论文，连接到一起。

此外还有一点不能忘记的是，有许多人在强有力地支持他们。那是精通贝类的参谋、众多优秀的业余研究者，以及将他们所有人连接在一起的网络。

始于莫尔斯的源流

在莫尔斯直接指导的得意门生中，岩川友太郎和饭岛魁继承了贝类学这个莫尔斯的看家本领。饭岛因为鸟类研究和后来在德国留学时学习的寄生虫学而知名，第一个研究蜗牛的日本人正是他。他在 1891 年记录了新种札幌螺，又于 1892 到 1893 年间在动物学杂志上连载题为《北海道的蜗牛》《日本的蜗牛》的文章。他还为了推进日本陆生贝类（陆贝）的分类学研究，号召读者采集蜗牛寄给自己。

饭岛培养了许多优秀的学生，寄生虫学的权威五岛清太郎也是其中之一。五岛去约翰斯·霍普金斯大学留学，与箕作一同在布鲁克斯门下学习后，回到日本，就任东京大学动物学科教授。五岛指导的学生之一，是后来在蛞蝓和淡水鱼类刺鱼的研究中取得成绩的池田嘉平。

池田刚入学的时候，曾经向五岛申请说："我想研究蛞蝓。"五岛立刻把池田领去书库，给了他厚达440页的蛞蝓专业书，鼓励他做出超越前人的研究。

顺便说一句，蛞蝓和蜗牛一样，都属于陆生贝类。在系统学上，蛞蝓与蜗牛本来就无法区分。没有壳的蜗牛就是蛞蝓。从这个意义上说，池田也算是继承了莫尔斯的蜗牛研究传统。

池田以控制体色的等位基因（白化型基因与野生型基因）为指标进行繁殖实验，很快发现蛞蝓就像植物一样，频繁进行自体受精。蛞蝓和大多数蜗牛一样雌雄同体，一只个体同时具有雄性和雌性的功能。雌雄同体的动物通常会两只交配，一只个体的卵子接受另一只个体的精子，但蛞蝓不是这样，它喜欢用自己的精子给自己的卵子受精。考虑到当时是20世纪20年代，可以说这项研究在世界范围内达到了相当的高度。然而遗憾的是，池田的论文全都发表在日本国内的杂志上，海外研究者很难看到，所以海外几乎无人知晓。

1927年，池田就任旧制新潟高校教授。在这里，池田遇到了江村重雄。江村在新潟县的小小山村中长大，比池田年轻约十岁，他毕业于师范学校，做过几年小学教师后，来这里任教。

江村向池田学习动物学，在池田的指导下，他开始了蜗牛的研究。从大约 1930 年起，江村逐渐揭开了蜗牛的生活史。特别引人注目的，是他关于蜗牛交配行为的详细观察记录。江村观察到，同型巴蜗牛在交配中展现出奇怪的行为。它们会将名为"恋矢"（射器，由碳酸钙构成的尖锐器官）的东西反复刺入对方的身体。在交配开始时，两只蜗牛的头部会正对彼此的生殖孔。然后，雄性生殖器从生殖孔里伸出，从对方的生殖孔插入雌性生殖器，开始交配。差不多与此同时，恋矢也从收容它的部位中高速伸出，反复穿刺彼此的身体。

即使放眼世界，这项观察结果也令人惊讶。欧洲的森林葱蜗牛和盖罩大蜗牛等也具有恋矢，自古以来，很多人都知道它们在交配时会用恋矢刺入对方的身体。这个奇特的行为也引起许多研究者的兴趣，关于它的意义，也有各种假说。但就连江村自己都没意识到的是，欧洲品种和同型巴蜗牛的恋矢刺入方式、刺入时机等都不相同。欧洲品种只会在交配结束时刺入一次大大的恋矢。两者的差异本有可能让人们对恋矢功能的设想做出根本性的修正，但遗憾的是，江村的论文是用日语写的，海外研究者没有看到，自然也无从了解它的意义。

直到大约 70 年后，研究软体动物行为生理学的著名荷兰研究者，才在偶然间读到了江村的这篇论文。他看到论文里描绘交配行为的草图，很是吃惊，甚至专程来到日本进行研究，确认这一事实。

江村不仅观察了交配行为，还观察了交配之后容纳精子的精荚如何在体内活动。从交配对象的生殖腔内释放出的精荚，移动到具有长柄的袋状器官，在里面分解。大部分精子在这里按精荚逐一分解，但有一部分通过管道移动到储精囊中，储存在里面，以后会在适当的时机与卵子结合受精。在江村的实验中，蜗牛交配后，可以将对方的精子不失活地储存最长十个月时间。为了确定这一点，江村还运用了遗传学的方法。

关于其他物种，江村也详细调查了生活史，记录了繁殖行为。此外，他对蜗牛交配器官的复杂构造也有兴趣，调查了各个物种的特征。在那以后，日本也开始将以交配器官为中心的解剖学特征正式用于蜗牛的分类。

江村大量培养了多代的同型巴蜗牛，进行交配实验。1937 年，他成功确定了外壳的底色差异和有无条纹所显示的多态性遗传模式。这一成果，成为后来他与驹井开展的共同研究的基础。

后来，他又用偶然获得的左旋个体进行实验，发现了同型巴蜗牛的右旋和左旋个体之间不会进行交配。可以想见，外壳旋转方向不同的个体，整个身体的构造也是左右对称的，因而在通常的交配行为中，生殖孔的位置互不吻合，无法进行交配。此外，他还将得到的若干左旋蜗牛相互配对，进行交配实验，尝试研究外壳旋转方向的遗传模式。

这些都是很优秀的研究。但是，正如当时日本人的大多数优秀研究一样，这些研究也不为海外人士所知。

江村能够达到如此高度的原因之一，也许是他的上司兼指导者池田吧。不过，其中也有别的原因。因为当时的日本，已经获得了很高水准的贝类学成果，形成了肥沃的研究土壤。不过，这些土壤并非出自莫尔斯的源流，而是由完全不同的源流哺育出来的。

从古利克到平濑

约翰·古利克在大阪，与牛津的乔治·罗曼内斯相隔半个地球，在他们深入讨论物种分化机制的时候，在东京，没有任何自然科学知识的东京大学总长、政府高官加藤弘之，通过宣传社会达尔文主义①，获得了许多人的支持。社会达尔文主义，将自然选择带来的进化曲解为"适者生存"，并将之扩展到人类社会，认为列强的殖民地政策、社会地位高的强者去奴役社会弱者等都是正当的思想。而古利克也曾经受到京都同志社的

① 一种用达尔文进化论来解释社会历史现象的历史唯心主义理论。——编者注

邀请，去做生物学的讲座，但他的进化理论被遵循基督教主义的同志社视为过激思想，因而同志社没有聘请他做讲师。在那样的时代，不可能有日本人理解古利克作为进化学者的真正价值。在东京，他的存在基本上是被无视的。

对社会达尔文主义的蔓延深为忧虑的古利克，发表论文进行了强烈批判，但也没有引起关注。在日本，没有人能和他围绕进化理论进行科学的探讨。

不过，历史有时也会产生意想不到的缘分。实际上，在与日本的主流科学完全不同的地方，古利克留下了意外的后继者。那是他的另一个侧面，是他作为贝类学者的遗产。

即使身在日本，古利克也继续研究蜗牛。从 1890 年左右开始，在对儿子艾迪生的研究进行指导的同时，他也开始调查日本的蜗牛。1894 年，古利克遇到了一位收集陆地与海洋贝类的日本绅士。他是在京都经营家禽养殖的平濑与一郎。

平濑出生于淡路岛，在京都获得了事业上的成功，积累了财富。出于与生俱来的好奇心和对自然的关注，他也积极参与搜集动物标本和矿物。平濑是基督教徒，向担任同志社讲师的传道士彼得·盖恩斯学习博物学和英语。因为协助盖恩斯进行贝类收集，他也对贝类产生了兴趣。

古利克与平濑交换各自的标本，以此契机，平濑收集蜗牛的热情猛然高涨。古利克也向平濑解释了研究日本蜗牛的重大意义。

因为与古利克的相遇，平濑决定将陆地和海洋的贝类收集作为一生的事业。他通过家禽业的网络，向日本各地发出采集委托。他又请古利克协助，发行了日本第一本贝类指导手册，指导采集者的工作。平濑身体不好，很难自己去采集。不过，日本东北、九州等地方的很多人都赞同他的想法，协助他收集标本。

古利克离开日本以后，平濑依然花费大量精力收集贝类。他主要通过面向海外销售标本来筹集资金，同时也会将标本寄给美国的贝类学家亨利·皮尔斯布里，不断发表新物种。

平濑拥有技术超高的采集团队和富有能力的助手。采集团队的采集范围从日本扩展到海外，他们带回许多罕见种类。数量众多而又时时增加的标本需要可靠的管理者，担负这一任务的是平濑的佣人，黑田德米。黑田从淡路岛的小学毕业之后，很快就被平濑雇来帮忙做家务，不久又开始协助他处理贝类的工作。而黑田发挥出自己天生的才能，让平濑逐渐将标本销售以及与海外研究者的交流工作都交给了他。

就这样，平濑在揭示日本陆地与海洋贝类概貌的同时，也制作出庞大的贝类藏品。平濑虽然没有在研究机构就职，但他与莫尔斯的学生岩川的交流，成为日本贝类研究的中心。1907 年，他自费出版了日本第一本贝类研究杂志《介类杂志》，又在 1913 年建设了长年梦想的贝类博物馆，展示自己超过 8000 种的藏品。

但是，这些依靠私人经费推进的事业，很快遭遇了经济上的困境，无法继续维持。平濑也由于过度劳累，无法继续进行收集和研究。《介类杂志》发行四卷即告停刊，贝类博物馆也仅仅经营六年便闭馆了。建筑物被拆除，平濑的藏品被分割，卖到包括海外的各个地方。"日暮道远"——平濑留下这句话，志向在半路夭折。但是，平濑的助手，黑田德米继承了他的志向。黑田长年在平濑身边处理贝类，才能得到充分发挥，已经成长为一流的研究者。贝类博物馆闭馆后，黑田受到京都大学的邀请，与协助者一起于1928年成立了日本贝类学会。

在平濑、黑田的影响下，日本形成了贝类学的广阔土壤，不仅有大学等研究机构，而且以地方上的学校教师为中心，也诞生出许多业余贝类研究者。这些业余研究者，成为后来日本贝类学发展的强大推动力。

江村开始同型巴蜗牛研究的时候，日本已经形成了以蜗牛为对象的广泛研究基础。

挑战

1948年，驹井出版了名为《生物进化学》的著作。在书中，驹井以地理性隔离产生的进化为例，详细介绍了古利克的夏威夷树蜗和克拉姆托的帕图螺研究。他也提及了古利克与日本的关系，书中写道："平濑与一郎对贝类的兴趣，是古利克激发的。"

事实上，驹井与贝类学会有着很深的关系。在贝类学会创立初期，驹井就从经济和精神两方面提供了支持，也培养出后来成为核心成员的研究者。此外，驹井还曾劝说黑田获取学位，并在黑田以蜗牛的分布与分类研究申请博士学位时，担任主审查员。因此，在他的这本书中，也详细介绍了蜗牛研究案例，其中还记载了江村确定的同型巴蜗牛的外壳底色和纹理的遗传模式。

也是在这本书出版的时期，驹井以江村的研究成果为基础，通过黑田的帮助，开始正式研究同型巴蜗牛的遗传变异。从秋田到鹿儿岛，驹井在到处收集同型巴蜗牛的实验材料。生活在各个地方的业余贝类研究者，也响应黑田的呼吁，纷纷将采集的同型巴蜗牛送到驹井这里。比如，在高知县任教的中山骏马，采集了数量最多的实验材料。他在四国岛和九州岛的蜗牛研究中取得显著成果，完成了高知县的贝类总目录，数量超过 2000 种。

最终，收集到的同型巴蜗牛数量超过 5 万只。

同型巴蜗牛的外壳底色分为黄色型和褐色型，并且有绕外壳一圈的黑色条纹型，以及没有条纹的纯色型。底色和条纹的组合共可分为四种类型，它们都受到紧密相关的基因座控制。底色的褐色对黄色为显性，有条纹对无条纹为显性。从全日本收集来的个体中，数量最多的是黄色无条纹类型，不过几乎所有群体都含有多个类型。

驹井与江村通过实验找到了基因型差异带来的成长率和环境适应性的差异。褐色有条纹类型，也就是双重杂合子，显示出超过其他类型的高成长率。另外，黄色有条纹类型，比褐色无条纹类型具有更强的低温适应性。从这些差异中可以推测，群体的外壳底色和条纹的等位基因频率，应当展现出地理性倾向。

但是，从5万多个个体解析中获得的等位基因频率模式，并没有展现出任何一种与环境的相关性。有些情况下，环境明明完全不同，或者南北相距很远，但群体的基因构成却基本一致。但在另一些情况下，比如京都市内相距很近的相似环境里，群体却会具有差异很大的基因构成。此外，在被海洋隔离的小岛上，看不到任何变异，所有个体都是黄色无条纹的类型。

驹井与江村认为，这可能和有利于维持多态性的双重杂合子带来的自然选择有关，但对于决定颜色和条纹有无的地理性模式来说，自然选择并不是关键因素。他们的结论是："同型巴蜗牛颜色多态性的地理性模式，是奠基者效应或者遗传漂变的结果。"

这项同型巴蜗牛的研究，与凯恩、谢波德以及拉莫特等人的研究差不多处于同一时期，它的结果明确否定了适应主义。

在今天，驹井与江村的研究被视为经典的蜗牛研究，闻名世界。他们在世界上首次利用蜗牛展示出杂合子比纯合子具有更高的适应度。然而，尽管论证缜密而明确，但他们最重要的结论，并不太被人接受。论文公开的时间晚了，时代已经充满了适应主义的氛围。就像拉莫特一样，他们也很难阻挡已经开始转动的时代齿轮。

布莱恩·C.克拉克从凯恩等人那里继承了蜗牛的适应主义观点，他在论文和综述中多次提到驹井和江村的同型巴蜗牛研究成果。但他关注的只有不同类型间的耐低温性差异，以及杂合子优势所带来的自然选择效果等内容。至于驹井与江村的核心观点——遗传漂变的效果，则被完全无视了。

最终，驹井与江村对蜗牛论战的挑战，仅以这一篇论文而告终。

※※※

在驹井和江村从全日本收集蜗牛、计划参与适应主义和遗传漂变论战的时候，还有另一位年轻的日本人，试图以完全不同的方式参与这一论战。他就是 1949 年由京都大学来到日本国立遗传学研究所的木村资生。木村对赖特的遗传漂变理论深感兴趣，基本上靠自学掌握了群体遗传学的数学理论。但是，木村的理论研究太过高深，当时的日本研究者中无人能够理解。只有一个人理解木村研究的意义，认可他的价值，鼓励木村继续研究。这个人正是驹井。他劝说木村去海外继续研究。

不久之后，木村获得经费，去了美国。然后，面对已经势不可挡的时代齿轮，他勇敢地发起了逆转的挑战。

第五章

自然往往是复杂的

在一个犹如要塞般巨大，如迷宫般复杂的建筑物里，有个身穿白大褂的年轻人，安格斯·戴维森，正在其中一个房间做实验。他打开门上写着 B.C.C. 的大冰柜，取出金属制的箱子，里面装的是冷冻的森林葱蜗牛。他用燃烧器的蓝色火焰略微烧了烧细细的剃刀，插进壳口，然后将附在刀尖上的薄薄组织片，转移到装有透明液体的小离心管里，加热片刻后，它便溶解到液体中，看不见了。年轻人轻快地操作短枪般的微量移液枪，在离心管中吹打液体，打开外观犹如小型洗衣机的离心机盖子，将离心管排放成圆形，再盖上盖子，按下开关。

重复几次这样的作业之后，他小心地将离心管里的上清液吸取出来，转移到另外的试管里，在其中加入散发出冷冷香气的乙醇。年轻人轻轻摇晃试管，观察里面的东西，那里飘浮着白色绒毛状的小小悬浮物，很快汇集到一起，形成小小的白色丝状块，沉到试管底部。那种白色的沉淀物，就是森林葱蜗牛的 DNA。

中立理论

"我们想提出一种脱氧核糖核酸（DNA）盐的结构。" 1953

年问世的论文，以这个简单到甚至可以说是简陋的表述开篇，揭示出遗传基因是双螺旋结构的高分子，从此彻底改变了遗传学的面貌。DNA 的碱基序列决定氨基酸的排列，进而生成蛋白质，在这一过程中，mRNA 以 DNA 的碱基序列为模版合成，翻译成氨基酸序列，以及一个氨基酸对应 mRNA 的三个碱基（密码子）。这些机制被人类逐一发现。

到了 20 世纪 60 年代中期，人们已经积累了大量蛋白质的氨基酸序列数据。在血红蛋白和细胞色素 C 等中，人们也能推算出"氨基酸取代"——某种氨基酸变成另一种氨基酸的速率。

木村便在这里登场。他尝试运用这个速率，计算整个基因组每年的氨基酸取代数。另一方面，如果假定群体只会在自然选择的作用下去除有害变异，也能得到一个数值。而他计算得到的值要远远高于后者。这意味着，大部分的氨基酸取代，都是对自然选择中立的变异，既不是有利，也不是有害。

木村进一步通过人和果蝇的蛋白酶变异数据，证明遗传变异在群体中出现的频率要比以往认为的更高。他的结论是："在分子水平上，大部分突变都是对自然选择中立的，分子水平的进化是突变与遗传漂变引起的概率性过程。"在分子水平上，许多时候并不是适应度高的变异留存，而是运气好的变异留存。

这篇论文发表于 1968 年。当时正是适应主义全盛的时期，非适应性进化被逐一辩倒、黯然退场。中立理论可谓逆时代而动，自然会招来进化学家们的批判和攻击。这也让了解木村此前的研究、认可他成绩的研究者们十分狼狈。

但在第二年，莱斯特·金与托马斯·朱克斯发表题为《非达尔文进化》的论文，得出了与木村相同的结论。他们主要从分子生物学的角度，展示了支持中立理论的广泛证据。其中之一，是存在不改变蛋白质构造的突变。密码子的第三个碱基发生的变化，很多时候都不会导致氨基酸变化（同义置换）。在这种情况下，蛋白质的氨基酸序列不会受影响。因此可以认为，这样的同义置换不会影响个体的生存，对自然选择是中立的。

论战顿时爆发。

率先对中立理论发表批判性论文的，是布莱恩·C.克拉克。克拉克已经以森林葱蜗牛和帕图螺为例，证明了关于色彩的遗传变异是通过少数者有利的自然选择（负的频率依存选择）维持的，接下来他正要用自然选择解释分子水平的遗传变异，所以对于认为可以用中立的突变和遗传漂变加以解释的观点，他无法容忍。

克拉克的批判是多方面的。比如，克拉克认为，"同义置换即使不影响氨基酸序列，也有可能影响从 mRNA 翻译到蛋白质的过程，特别是氨基酸被运送与结合的反应过程，不能得出对自然选择必定中立的结论"。此外，克拉克又列举了实际上被认为在分子水平起作用的自然选择的例子，同时指出，"虽然观察到的变异模式的概率变化与预测的模式一致，但这并不能否定自然选择"。再比如，虽然仅假定随机变化也能解释森林葱蜗牛颜色多态性的频率分布，但实际上它的分布是少数者有利的自然选择（负的频率依存选择）的结果。按照这样的自然选择机制，可以解释分子水平的极高频率变异，以及与其分布情况所显示的概率过程的整合性。这是克拉克的观点。

克拉克就是这样一马当先批判中立理论，此后他也是反中立理论阵营的中心，阻挡在木村的面前。他的基本观点依然是他在蜗牛研究中展示的适应主义。凡是认为变异是中立的、在适应度上没有差别的想法，仅仅意味着没有发现差别在哪里。他虽然不否认遗传漂变对进化的作用，但认为自然选择更加重要。克拉克在 1970 年发表的对中立理论的批评中，如此总结说："可以想见，和其他性状一样，在蛋白质的进化中，自然选择的影响也是主导性的。"

胜利

关于这场论战的经过，有许多著作和报道，其中也包括木村自己的著作。考虑到那场论战的经过偏离了蜗牛的故事，这里就不赘述过程了，只记录结论。

论战持续了足足 20 年，中立理论奋战到底，终于获得世界性的支持，确立了自身的价值。这场胜利是在反复驳倒克拉克等适应主义阵营所提出的顽固批判之后方才取得的。

技术的发展也起了很大的作用。比如中立理论预测，"相对于其他的基因，越是在功能上不重要的基因，其碱基置换的速度越容易受突变率影响，也越会显示更高的进化速度"。20 世纪 80 年代以来，在直接读取基因的碱基序列进行比较的技术普及以后，关于这一点获得了许多证明中立理论观点的数据。又比如，同义置换通常比非同义置换具有更高的进化速度，此外，基因中占据多数的假基因（丧失制造蛋白质功能的基因），会以极快的速度进化，等等。

还有若干理论对于加强中立理论起到很大的作用，太田朋子的"近中立理论"就是其中之一。

这个理论指出，突变即使并非完全中性，也可能发生中性的进化。大部分突变是有害的，不过主要是对生存仅有少许不利的轻度有害突变。这类轻度有害突变，在某些情况下有可能成为中性突变。如果是在费希尔设想的那种大群体中，自然选择会将这类轻度有害突变筛除掉；但在小群体中，随机摆动导致的变化超过了自然选择导致的变化，突变的轻度有害性质被抵消，呈现出中性。

在完全中性突变的情况下，基因置换的速度等同于突变率，与群体的大小和环境无关；而在"近中立理论"的情况下，可以预测，越小的群体，进化速度越高。

就这样，源自古利克、赖特的偶然性进化、非适应性进化的思想，通过木村等人，在构成生命本源的分子水平上得到了证实。朝向适应主义加速的时代齿轮，被他们成功逆转了。

基于这样的功绩，木村在 1992 年被授予达尔文奖章。

分子进化的理论

木村原本认为，中性进化主要限定在分子水平的进化上，而控制姿态、形状等表现性状的基因，主要是自然选择在起作用。从这个意义上说，中立理论的观点与重视性状的适应进化的观点，本来是互补的关系。

一开始受到强烈批驳的中立理论，在论战中确立了自身的地位之后，实现了和自然选择阵营的融合。而这一场融合，为进化学带来了更多的革新。进化学家使用中立理论以及与之关联的分子进化理论，反过来找出了适应进化的证据，解决了适应过程的问题，进而在适应机制上获得了新的发现。

借助于分子进化理论，人们得以将历史作为数据来处理，从而能够从基因图书馆里积累的大量古老文件中解读过去。

　　进化学家通过基因序列的变异情况推测生物的历史，分析生物——严格来说是基因——的系统关系。中性变异的情况不用多说，即使在非中性的情况下，也可以根据基因中的信息，将进化过程用系统树的形式描绘出来，比如哪些物种源于同一个祖先，哪些物种比其他物种的分化时间更早，哪些物种是最新分化的，等等。另外，由于分子进化的前进速度具有大致一定的概率，也就是通常所说的分子时钟，因而也可以推测出这些物种是在多少年前分化的。

　　一旦掌握了物种之间的祖先－后代关系，了解了哪个物种更早、哪个物种更新，接下来就可以根据这些物种所具有的形态和生态等性质，推测这些性质的进化模式，也就是祖先是如何进化成后代的。进而再根据推测出的进化模式，又可以验证适应进化的假说，看看适应效应是否能带来这样的性质进化。

　　分子进化理论，也是了解群体的过去和现在的手段。

　　就整个群体而言，要衡量当下具有多少遗传变异，其指标就是中性的基因变异。通过中性的基因变异，可以弄清该群体与其他群体之间存在多少个体流动，或者具有多大程度的隔离。追溯变异的过程，也能了解群体的历史，比如该群体是如何形成、如何变化的。

　　为了找出中性的分子进化而创建的理论，反过来也可以应用于找出适应性的基因。

应用中立理论，可以为研究者提供线索，确定哪个基因区域催生了对生存最为重要的功能。比如说，研究某个基因序列的进化速度，看它和中性情况下的进化速度相比是快是慢。如果慢，说明该基因导致的不利变异被自然选择筛除，变化受到抑制（负选择）；如果快，说明该基因的变异对自然选择是有利的，朝增加的方向变化（正选择）。

随着分子进化研究的不断发展，关于适应进化的机制也不断诞生新的发现，因为人们能够从分子层面理解生物是如何获得新的功能和性质的。

举个例子，有些实现某种功能的基因，会在基因组中出现完全相同的副本，这称为"基因重复"。通常来说，生物并不需要两个基因来实现完全相同的功能，因此这样的基因重复会在突变中失去功能，成为假基因。但在有些情况下，原本的基因继续发挥作用，而重复基因会获得新的功能，向新的方向推动进化。换句话说，正因为存在重复的东西，才产生了新的有用之物。

像这样，原本与适应进化激烈对立的中立理论，以及和中立理论密切相关的分子进化理论，反而成为理解适应进化的强大工具。

快速进化与慢速进化

令人意外的是，1994 年以后，比较基因的碱基序列、调查蜗牛分子进化的人，是在诺丁汉大学设立研究室的克拉克与他的学生们。他们发现森林葱蜗牛与花园葱蜗牛的线粒体 DNA（mtDNA）具有令人震惊的变异情况。在同种个体间，碱基序列具有极大的差异（遗传距离），其数值达到了当时在其他动物的同种个体间所见差异（遗传距离）的 10 ~ 20 倍。

为什么会有如此大的种内变异？他们想到两种可能。一种可能是，由于某种原因，蜗牛的 mtDNA 进化速度极快；另一种可能是，蜗牛的物种里包含了分化年代极其古老的基因（物种分化的速度极慢）。

率先对这个问题作出解答的，是在日本使用真厚螺属（日本最大型的常见蜗牛）的三条蜗牛和箱根蜗牛进行研究，后来前往诺丁汉大学的林守人。林守人关注的是伊豆群岛与伊豆半岛的独特地质史，他认为这里的地质史可以用来测定速度。

伊豆群岛是隆起的海底火山。而在今天的伊豆群岛的位置上，原本也存在岛屿，它们随着板块一同北上，与本州发生撞击，形成了伊豆半岛。随着新岛屿的隆起，由本土迁移而来的三条蜗牛便被隔离了。而在北上撞击本州的岛屿中，一部分蜗牛和本土的蜗牛相混合，其他蜗牛则被火山活动隔离在半岛上。

林守人从这样的地质过程出发，确定岛屿的诞生年代、撞击本州的年代、火山喷发的年代，并与各群体的mtDNA遗传距离相比较，计算它们的进化速度。

计算结果支持了高速进化的假说。这些蜗牛的mtDNA进化速度极快，比主要脊椎动物的mtDNA的进化速度约快10倍。后来，其他蜗牛的研究也获得了同样的结果。此外，不仅mtDNA，在细胞核的其他基因中也发现了蜗牛进化速度极快的现象。而且与同系统的螺类对比发现，相比于生活在海洋中的物种，陆地物种细胞核中的某些基因和mtDNA的进化速度都明显很快。

但与此同时也出现了反例。调查系统相差巨大的蜗牛mtDNA，比如澳大利亚等地的旋螺类、砂螺类等，发现进化速度并没有那么快。同样是蜗牛，为什么不同种类的分子进化速度会有很大的差异？为什么速度会随种类而不同？更核心的问题是，那些进化速度快的物种，究竟为什么那么快？

首先能想到的可能是，蜗牛mtDNA的各区域失去了功能，或者是正向选择在起作用，但研究者们没有发现确切的证据。迄今为止，最有说服力的解释之一，是由克拉克的学生安格斯·戴维森提出的。他认为，某些轻度有害的突变本来无法保留下来，但在蜗牛身上变成了中性突变，因而导致进化速度提升。

　　缺乏移动能力的蜗牛，是由无数相互隔离的极小群体构成的，所以遗传漂变的效果很显著，轻度有害的突变倾向于表现为中性。这导致突变没有从群体中筛除，而是扩散固定下来。这一效果在没有重组的 mtDNA 中表现得尤为显著。而另一方面，艾纳螺个体微小，容易随风飘动，扩散能力强，分布区域也广，所以群体规模更大，因而轻度有害的突变会被自然选择筛除，导致进化速度慢。

　　虽然谜团尚未完全解开，但令人惊讶之处在于，这正是"近中立理论"所设想的状况——由于蜗牛群体结构的特点，自然选择的效果被遗传漂变的效果抵消——与拉莫特在森林葱蜗牛的研究，以及驹井和江村在同型巴蜗牛的研究中，为了解释外壳纹理的多样性及地理性变异而设想的状况，本质上是相同的。

回顾历史所见的景色

　　了解历史很重要。了解历史之后，看法也有可能发生改变，世界也会变成和以前完全不同的景色。

而戴维森这些克拉克的学生们所关注的，是全世界的蜗牛历史。他们在世界各地采集主要的蜗牛物种，解析它们的基因序列，分析其系统关系。

他们最终得到的系统树，呈现出预料之外的模式。某些在分类学上关系较远的不同科的物种，却被放置到系统树上相邻的分支上；某些在分类学上本属于近缘的同属物种，却被放置在系统树相隔甚远的分支上。以系统远近划分的物种类别，和以科属这些分类学范畴划分的物种类别，相差极大。

对比系统关系和物种各自的形态特征，他们发现了原因所在。蜗牛通过外壳和软体部的性状区分科属，但在不同系统中往往收敛到相同的特征；相反，在同一系统中，也会出现分化出极大差异的情况。这暗示了它们身上发生过显著的适应进化。

在传统上，蜗牛的分类学倾向于认为科属分类中应用的性状差异是随机产生的，相互中立。但从中立理论发展而来的分子进化研究却显示，它们实际上是适应进化的结果。

了解历史之后，不仅看法有可能改变，原本无从解决的问题也会得到解决。此外，历史也是新思想和独创性的源泉。

第三章中提到的森林葱蜗牛地区效应的谜团，在经历了自然选择和遗传漂变的长期论战后，却在以中性基因为指标的研究中获得了意外的结果。

戴维森运用凯恩等人在 20 世纪 60 年代首先发现地区效

应的马尔堡丘陵地区群体，研究了微卫星 DNA（重复 2 ~ 4 个碱基序列的基因区域）和 mtDNA 的变异。结果显示，外壳底色和条纹所展示的多态性地理性分布，与微卫星 DNA 的中性变异所展示的地理性分布高度一致。根据这一结果，戴维森认为："原本具有不同遗传构成的两个群体相遇并混合，产生出地区效应。"

借助基因的力量，我们可以推测出它们的历史。

在末次冰期，英国大部分还在冰川的覆盖下，但从大约 1 万年前开始，地球回暖，冰川消退。于是原本隔离在东西两边的森林葱蜗牛各自扩大了分布范围，刚好在马尔堡丘陵地区附近相遇。具有不同底色和条纹多态性的两个群体，发生了不均匀的混合，结果便形成了与环境无关的颜色多态性的地理性模式。当然，自然选择和遗传漂变的效果也不可无视，但导致森林葱蜗牛地区效应的最主要原因，实际上还是分离与融合的"历史"。

对于森林葱蜗牛颜色多态性的地理性分布而言，影响因素恐怕非常复杂。对捕食者的适应、负的频率依存选择、对温度与湿度的适应，肯定都在发挥作用。罗伯特·卡梅伦对比分析了老师亚瑟·凯恩采集的数据，发现在凯恩调查之后的 40 年间，森林葱蜗牛各色彩型的频率产生了基于自然选择的适应性变化，但遗传漂变和迁移的影响也不可无视。另一方面，其中也叠加了历史的效果。除了群体扩大与融合的历史之外，环境变化的历史也有影响。除了气候变化，人为影响也在导致森林葱蜗牛的生息环境发生历史性的变化。对以往环境的适应，即使是在环境已然改变的今天，也许仍旧残留着一定的影响。

圆周率与印章

了解历史之后，便可能产生新的看法，但这只是历史的一面。反过来说，历史也有可能限制我们对事物的看法和思考，剥夺我们的自由。如果问一个学痴，3.14 是什么，学痴可能会脱口说出"圆周率"，但未必会想到白色情人节。生物进化中，也会出现同样的情况。

在森林葱蜗牛颜色多态性的基因中，决定有无条纹的基因、决定条纹形状的基因、决定底色的基因等，具有很强的连锁效应。虽然各不相同，但它们在同一染色体上的位置相近，表现也像是一个基因（超基因）。

在其他蜗牛的颜色多态性中，也会看到类似森林葱蜗牛这种颜色与条纹的组合构成的多型集合。一般认为，它是在不同物种和系统中各自独立进化的，而控制这些多型的超基因也是独立进化的。

为什么超基因会出现这样的进化，原因尚不是很清楚。蝴蝶的色彩型也受到超基因控制。也许蜗牛的情况与之类似，也是因为在发生染色体倒位的区域中，在实现同一功能的前提下，有利变异不断积累，进而形成了超基因。因为凡是会破坏这种基因集的基因重组，都会被染色体倒位所抑制。另一种可能性是，这些基因原本位于其他染色体上，在重组的过程中被配置到同一染色体的相近位置，形成超基因。无论哪种情况，在进化的过程中，纹理会因适应机制变得精细，却失去了变异的自由。

　　人们正在逐渐探明蝴蝶控制颜色多态性的超基因分子机制。但在蜗牛的颜色多态性中，还存在诸多不解之谜。不过在诺丁汉大学继承了克拉克研究室传统的戴维森，以在森林葱蜗牛全基因组中获得的 SNP（单核苷酸多态性）为指标，确定了外壳条纹与底色基因所构成的超基因在染色体上的位置（连锁图谱）。另外，荷兰的研究团队，确定了决定森林葱蜗牛颜色多态性的候补基因。如果能探明这个超基因的分子控制机制，便有可能发现蜗牛的颜色多态性为什么会限制在几种特定的类型上。

　　历史在剥夺自由的同时，往往也是保守的。比如，盖印章的习俗诞生于公元前，但在今天的信息社会中依然存在（为此，现代人不得不费时费力"将盖章的文件扫描成 PDF 作为邮件附件发送"）。生物也是一样，诞生于古老时代的基因，至今依然发挥着几乎完全相同的功能，全然不顾器皿已经截然不同。右旋螺类变成左旋的遗传机制，就是其中的一个例子。

自从克拉姆托发现左旋螺类的螺旋卵裂是反向的以来，关于导致螺旋方向变化的机制，人们做了许多研究，形成了各种观点。最终，还是戴维森的研究团队弄清了根本性的分子机制。

戴维森等人发现，产生形成素（一种参与细胞骨架形成的蛋白质）的基因，决定了静水椎实螺这种淡水螺类的左旋和右旋。这一基因在早期胚胎（2-细胞期）中表达，如果它发生变异，就会使右旋变为左旋。另外，如果在早期胚胎中阻止形成素的作用，也会变为左旋。

令人惊讶的是，在蛙的胚胎中也发现了这个基因，并且也与胚胎发育中的左右非对称性有关。这个基因恐怕是后生动物进化史上最早形成身体非对称性的基因之一，它是早在软体动物和脊椎动物分化前，也是在寒武纪大爆炸的很久以前，一直继承下来的。这个基因出现于进化历史上的草创期，被各个物种连绵不断继承下来，在完全不同的系统中发挥着类似的作用。

但还有更令人惊讶的事实。淡水螺和蜗牛都是螺类，所以人们自然会认为，决定蜗牛左旋和右旋的基因，必然也和淡水螺的基因一样。然而事实并非如此。帕图螺属和真厚螺属的左旋和右旋方向，与这个基因的变异无关。在蜗牛中，是其他的因素决定了旋转的方向，尽管我们还不知道那是什么。

复活

"自然往往是复杂的。"这是克拉克在关于自己进化观的核心——负的频率依存选择——最重要论文中的第一个句子。这篇论文也是对中立理论批判最为严厉的论文。

由于中立理论的胜利（不过克拉克自己并没有承认失败），克拉克在适应主义下取得的成就，似乎失去了光芒。但是，自从适应主义与中立理论融合以来，情况再度发生变化。

随着关于基因功能和性质的数据不断积累，人们发现，在原本以为没有作用的中性基因中，很多其实是有用的，可以让人想到相应的自然选择。比如在静水椎实螺中，有一个假基因，与涉及神经信号传导的 NOS 基因序列非常相似。但这个假基因实际上会被 RNA 转录，从而抑制 NOS 基因的表达。人们也发现，在脊椎动物的假基因中，很多时候都会出现类似的情况，它们是抑制相似基因表达的开关。也就是说，原本认为的假基因，其实并不是假基因。

另外，人们也逐渐发现，同义置换虽然不会导致氨基酸种类变化，但会影响 mRNA 到蛋白质的翻译速度。也就是说，在分子层面上，克拉克的批评其实是正确的。

克拉克认为，在分子层面维持变异的机制，也是负的频率依存选择。比如，与免疫应答有关的 MHC 分子多态性、ABO 的血型多态性等，都可能与自然选择有关。不过，这个机制究竟在多大程度上影响到分子水平的遗传变异，目前还不是很清楚。另一方面，关于控制姿态、形状、行为等表现性状的基因，许多研究都显示，其变异的维持，也涉及由克拉克完成公式化的负的频率依存选择。

研究者的兴趣，从理解基因的构造转移到理解基因的功能和发育的机制上。人们重新认识到，理解姿态、形态的多样性非常重要。于是，克拉克通过蜗牛的姿态和外形所发现的、以负的频率依存选择为首的进化机制，再度获得了极高的评价。

在木村获奖的 18 年后，2010 年，克拉克也被授予了达尔文奖章。

※※※

今天，我们有了能在短时间内读取庞大基因信息的技术，也获得了巧妙控制基因变异和表达的技能。从形态到行为，乃至到生态系，都能还原到基因水平，理解其多样性形成的机制。揭开生命多样性中隐藏的一切谜团，也只是时间的问题了——也许许多人都这么想。但是，真的如此吗？

分子进化学家与地球科学家田边晶史，在一篇文章中如此写道："现在的生态系，不仅受到现在生态系内发生的各种现象的影响，也继承了过去发生的各种现象的影响。这意味着，如果只看现在的生态系，就无法理解现在的生态系。"

今天我们所掌握的信息，并不是这个世界上存在的全部信息。存在于过去的信息，大部分都在漫长的地球历史过程中消失了。

不过，有些人巧妙地挖掘出已然消失的东西，并将之可视化。在那些运用魔法般技艺的人中，有些也对生物学提出了异议。他们以消失的过去为武器，挑战适应主义阵营。接下来，就让我们来看看这一场战斗的经过，它与中立理论的挑战差不多发生在同一时期。

第六章

进化的小宇宙

背对宝石般的蓝色大海，登上沙丘，眼前是屏风般竖立的黑色粗犷岩石。岩石由古老的沙丘固结而成，表面交错的细小叶理，描绘出龙鳞般的纹理。

岩石根部有缝隙和窟窿，像是被什么挖出来的，里面堆积着铁锈色的土壤。这是古老的土壤，在沙丘扩张、固结之前，覆盖在这片古老的土地上。白色的、直径 2～3 厘米的圆盘状贝壳混在这些红褐色的细小颗粒堆积物中。那是百慕大蜗牛属——百慕大群岛本土蜗牛的化石。

1930 年，约翰·古利克的儿子艾迪生，来到漂浮在大西洋上的孤岛百慕大。他在日本跟随父亲学习了蜗牛的知识，去了美国之后，也开始进行蜗牛研究。

艾迪生是第一个正式研究百慕大蜗牛化石的人。他发现，历史上的百慕大，曾经生活过更多的蜗牛品种。尤其是在百慕大蜗牛属的化石中，包含了许多今天已经灭绝的类型。有的虽然是同一物种，但形态却不相同。比如现存百慕大蜗牛中有一种具有算盘珠形状的外壳，但化石中的外壳却是上下鼓起的穹顶形状。艾迪生认为，过去的年代中，岛屿面积要比今天大得多，气候也适合蜗牛的生存，但在后来的环境变化中，许多物种都灭绝了。

不过艾迪生很快就改变了专业方向，没有继续研究下去。

五六年后，一名专攻地质学和哲学的大学生来到了岛上。他是调查船的船员，结果却被岛上随处可见的蜗牛化石深深吸引。

十年后，这名学生，斯蒂芬·古尔德，以百慕大蜗牛属的研究获得学位。

图 5　百慕大蜗牛（化石）左上、左下：穹顶型；右上、右下：算盘珠型（幼型）。日本东北大学综合学术博物馆藏

不连续的进化

费希尔与赖特的论战，也波及地理历史生物的学术领域——古生物学。古生物学原本是地质学的一个分支，被束

缚在文书研究和落后于时代的进化观中。但后来，古生物学领域出现了新的研究者，期望将它重建为对进化的综合论有所贡献的理论研究领域。其中心人物，是乔治·盖洛德·辛普森和诺曼·纽埃尔。

辛普森致力于解决化石记录的形态不连续性问题。就如19世纪的路易·阿加西所坚持的那样，化石记录的不连续，似乎与自然选择的想法相矛盾。如何应用综合论设想的连续小幅变化的积累导致进化的机制来解释这种现象？这是辛普森希望解决的问题。一些古生物学家认为，"突变导致物种产生飞跃性的变化"，但辛普森不赞同这个观点。他在与好友狄奥多西·杜布赞斯基的交流中，意识到可以应用赖特的动态平衡理论。1944年，他用适应性地图的形式表现生物的性质、形态和适应度的关系，指出：

当生物的某个特定性质占据同一位置（生态位）的时候，尽管环境总会有小幅变化，但该性质总是占据着适应性的山峰，不会发生变化，这就是"进化的停滞"。但是，如果进入了新的环境，或者被隔离成极小的群体，那么由于遗传漂变的作用，该性质的位置就有可能穿过山谷，迅速转移到别的适应性山峰。而由于化石记录的时间解析度很粗，所以很容易呈现出某个形态向其他形态的不连续变化。

也就是说，辛普森认为，哪怕进化过程是连续的，但形态进化的速度变化也会很大，因而会在化石记录中观察到不连续的进化。

辛普森提出，引发种以上的分类层次（属、科、目等）产生形态差异的进化（大进化），主要就是这种适应性山峰的变化。另一方面，群体层次的进化，主要是由基于自然选择的适应过程发生的。换句话说，他认为化石记录中看到的是大进化，其过程与小进化不同。不过辛普森并不满足于展示古生物学和生物学理论之间不存在矛盾，他期望古生物学成为一个以"化石记录"这种历史证据为武器，独立提出进化理论的领域。

但是自20世纪50年代以来，随着适应主义成为主流，类似辛普森这种大进化的观点逐渐销声匿迹。

而另一方面，纽埃尔则受到综合论的核心人物之一——恩斯特·迈尔的强烈影响。20世纪40年代，迈尔、纽埃尔和辛普森都是美国自然史博物馆的同事。

20世纪40年代初，迈尔基于自己在新几内亚进行鸟类调查的经验，对"物种是什么"的问题给出了一个答案。那也是今天最为通用的物种定义，是生物学上的"种"的概念。他的定义是："在自然条件下，实际或潜在的互相交配的个体所组成的群体，与其他群体具有生殖上的隔离。"迈尔将种视为具有实体的生物学单位。

根据这一定义，迈尔认为，物种分化，也就是生殖隔离的进化，主要是由于地理上的隔离。他举出古利克的例子，认为后者是这个思想的先驱者之一。此外，他还将古利克设想的进化过程——通过由群体分离出来的少数个体开创的新群体，具有新性质的群体产生进化——称为奠基者效应，将古利克视为该想法的先驱者。"革命性的进化生物学家，在世界上首次构建了基于随机变异的进化理论"——迈尔如此称颂古利克。

迈尔将自然选择的效果吸收到基于古利克的奠基者效应模型中，发展出"边缘隔离物种分化模型"。这一模型认为，在一个物种分布区域的边缘，地理上隔离的极小群体会发生物种分化。相对于原始群体，奠基者群体的遗传构成会出现随机性偏向。而在这种偏向的遗传环境下，有利性状的基因会通过适应进化而稳定下来，于是导致奠基者群体与原始群体之间出现重大的遗传差异，足以阻碍彼此之间的交配，产生生殖隔离。迈尔将之称为"遗传革命"。按照这一模型，物种分化很难在大的群体中发生，只有在极小的群体受到隔离时发生。

而纽埃尔认为，古生物学要想对进化生物学做出贡献，最大障碍之一就是"物种"。化石物种是基于形态差异的形态种，与迈尔定义的生物学意义上的物种并不相同。而且，生物学上的物种也无法适用于不同时代的群体。因此，纽埃尔想了两个解决方案。

第一种解决方案，他将群体的概念引入化石记录。纽埃尔从统计学的角度分析同一地层化石的变异现象，将之视为不同的群体，然后研究同一时代各群体的地理分布以及共存情况，由此判断是否出现了生殖隔离。在这里，时间轴很重要，而平面轴的信息也很重要。纽埃尔认为，应当在生物学的物种概念中加入时间轴，建立一个更为全面的、同时适用于化石种和现存种的物种概念。不过，要实现这一目标并不容易。

所以纽埃尔又设想了第二种解决方案，也就是不对化石记录使用"种"的概念，而仅使用属或科的概念。在古生物学中，这些分类单位的划分标准与生物学并无太大差异。20世纪五六十年代，纽埃尔研究了古生代以来属与科的多样性变化。他发现，在二叠纪末期和白垩纪末期，地球上出现的大规模灭绝现象，是因为某些剧烈的环境变化；而在大规模灭绝之后，幸存下来的生物又会出现适应辐射，恢复多样性。

纽埃尔强调，生物相会出现我们在大规模灭绝中看到的那种剧烈变化，而在生物学中看不到这样的历史性过程。他认为，古生物学应当是以化石记录的历史为武器，独立提出进化机制的领域。他还认为，古生物学的希望所在，就是这种宏观层面的现象。

后来纽埃尔转到哥伦比亚大学，而古尔德便在这里接受纽埃尔的指导，在以进化为主题的古生物学萌芽背景下，进一步展开了百慕大蜗牛化石的研究。

适应主义者古尔德

出人意料的是，对于当时年轻的古尔德来说，古利克是个可怕的恶魔。古尔德在研究百慕大蜗牛的时候，非常讨厌乃至敌视古利克。当时他发表了一篇论文，证明百慕大蜗牛的形态变异是对土壤环境适应的结果，其开篇充满讽刺意味："自从蜗牛第一次充当反对达尔文主义的魔鬼代言人以来，我们已经被拖累了大约一个世纪。代言人：夏威夷树蜗。魔鬼：不是别人，正是古利克牧师。"

那时的古尔德还是个坚定的适应主义者。古尔德认为，古利克的观点不可接受，因为他从不恰当的证据出发，得出了非适应性的进化观点，而且还由于信仰导致的偏见，扭曲了进化的科学事实。除了论文，古尔德也在自己的学位论文中加入了无关主旨的、对古利克宗教倾向的批判。

前文没有提及的是，古利克的进化观点中确实具有基于信仰的因素，贯穿着宿命论的态度。但是，根据他和罗曼内斯的通信往来等资料，很难下结论说，他是基于信仰偏见才得出夏威夷树蜗随机进化的结论。

更具讽刺意味的是，大约 10 年后，古尔德自己也变成了恶魔梅菲斯特，也开始利用蜗牛为武器，扮演起恶魔代言人的角色，挑战达尔文主义（此外还要补充的是，由于这一转变，古尔德也被批判为"由于政治偏见而扭曲科学事实"）。

好了，还是言归正传。

古尔德首先利用百慕大蜗牛研究形态变化的规律。将幼体阶段到成体阶段的螺塔高度与宽度，以对数形式绘制成图，可以看出两者的关系是一条完美的直线。也就是说，百慕大蜗牛的身体各部分，一方面遵从幂乘的关系，另一方面又以不同的速度生长。这被称为异速生长。1966 年，古尔德发表了关于异速生长的综述论文，论文中对异速生长做出定义，说明异速生长是适应的结果。论文中还指出，异速生长带来的变化，有可能获得新的适应性功能等。古尔德的学位论文也以《进化的小宇宙》为题，运用这样的形态分析，推测了百慕大蜗牛在 30 万年间的进化模式。那是一种奇特的进化方式，是以幼体姿态直接变为成熟个体的进化。

祖辈的幼体特征成为后代的成体特征，这种情况称为幼态延续。在百慕大蜗牛身上，祖辈的成体是穹顶型，幼体是算盘珠型。但有些成体也具有类似的幼体特征，成熟以后依然保持算盘珠的形态。两种成体独立重复，每当冰河期降临时，便会出现这样的进化。

在冰河期，会突然出现以幼态类型成熟的个体，不会经历中间形态。而这样的个体会随着冰河期的结束而灭绝（但末次冰期除外）。另一方面，穹顶类型一直分布在全岛范围，直到末次冰期。

幼态类型的特征是外壳很薄。古尔德据此认为，"冰河期的土壤中容易缺少钙元素，百慕大蜗牛为了适应这样的环境，进化出幼态类型"。他的观点是，这种平行的幼态延续之所以反复发生，是适应气候与环境变化的结果。

根据这样的分析，古尔德在自己的学位论文中得出如下结论：对环境的适应是形态进化的主要原因。不过，在进化的历史中展现出的模式，并不是人们在当下的短时期内、在群体层面观察到的进化模式的简单延长。唯有从进化的历史中展示出的模式中总结出规律，比如说，反复出现同样的变化，才能获得历史的规律性和一般性。

间断平衡假说

1971 年，托马斯·绍普夫召集年轻的古生物学家们，在美国地质学会召开研讨会。本次学会的目标不是分类、记录，也不是单纯的地质学，而是古生物学的"革命"。绍普夫期望致力于从化石到生物进化的问题，创立作为理论和实证性研究领域的新古生物学。这是他的愿望。

绍普夫邀请了在哈佛大学获得教职的古尔德，请他为论文集撰写论文，并在学会上演讲。古尔德虽然接受了绍普夫的邀请，但表示了少许为难，因为绍普夫委托他写的主题是"物种分化"。物种分化并不是古尔德的研究主题，而他擅长的形态进化主题，已经被大卫·劳普占据了。劳普设计了一个模型，用三个参数来表述螺类的形态，并通过计算机模拟，比较模型和实际形状，这是他的著名研究。不得已，古尔德向哥伦比亚大学时代的纽埃尔研究室的后辈尼尔斯·艾崔奇求助，与他共同开展研究。

这时候艾崔奇刚刚发表论文，说明古生代的三叶虫形态进化中展现出不连续的模式，而这种模式能够用迈尔的边缘隔离物种分化模型加以解释。

于是，艾崔奇写论文，古尔德做演讲。艾崔奇将百慕大蜗牛的不连续进化加入自己的研究结果，完成了初稿。不过那篇初稿后来又由古尔德重写，通篇充满了优雅的表达，成为令人印象深刻的论文。

这篇 1972 年发表的论文提出了"间断平衡假说"。它的观点是这样的：

渐进理论的观点，历来在古生物学中占据统治地位。该理论认为，新物种产生于逐渐而连续的变化。但是，如果迈尔的边缘隔离物种分化很普遍，那么新物种常常会在小群体中通过遗传革命急速进化而来，不会留下物种分化的化石。在这样的情况下，进化应当表现为不连续的模式，也就是从一个长期稳定的、没有变化的平衡状态，急速分割、迁移到另一个稳定的平衡状态，这就是间断平衡。与渐进理论相比，间断平衡的观点更符合化石记录。之所以会在化石记录中看到不连续的形态变化，不是因为化石记录不完整、不可靠，而是因为实际的进化模式就是那样。

他们认为，在发生剧烈的边缘隔离物种分化时，由于遗传革命，生殖隔离的进化和形态进化会同时发生。所以就像化石记录中所看到的那样，形态长期不变的、能与其他物种明显区分出来的不连续物种，与生物学上的物种呈现出一致性。

他们还指出，根据间断平衡假说，变化只在物种分化时发生，而在比种更高的分类（属、科、目等）中发生的形态差异和多样性进化（大进化），可以用随机的地理隔离导致的物种分化与随机性灭绝来解释。他们将之表达为赖特的遗传漂变在种水平上的扩张。他们强调，"间断平衡假说，是由古生物学独立提出的进化理论"。

请回想前文提到的辛普森和纽埃尔的研究。很明显，间断平衡假说实质上融合了辛普森与纽埃尔的想法，目标是实现他们所怀的梦想。

新古生物学的野心

五年后，又出现了间断平衡假说的论文。这一次的主导人是古尔德。

古尔德的观点发生了微小的变化，他开始提倡"间断的进化观"。古尔德拓展了间断平衡假说，认为进化一般是不连续的。

他在该机制中加入了发育生物学式的过程和引起形态发生重大变化的突变效果。百慕大蜗牛的幼态延续就是其中的一个例子。如果在发育过程中，延迟形态发生时间的基因，或者加快形态发生时间的基因发生变异，就会出现非常大的形态变化。而另一方面，形态之所以在长时间内没有变化，是因为发育具有发育生物学上的制约，无法变化。

这种观点上的变化，可以从古尔德等人在论文中作为重要例子加以介绍的研究中看到。其中之一，是后述的速水格所做的关于海产贝类泡隐扇贝的进化研究。速水发现，现存的泡隐扇贝群体中，有两种外壳形态差异很大的类型（图6）。他利用第三纪上新世以来的化石，研究了其比例随时代变化的关系。结果发现，其中一种类型突然出现在50万年前（更新世后期），并且比例一直在增加。

图6　泡隐扇贝的两种类型。速水格采集的标本，感谢中井静子供图

这两种类型的形态差异很大，如果不是因为具有现存群体的信息，甚至会被当作不同的物种。因此，速水提出，"化石记录显示的间断性形态进化，可以归因于'出现了伴随跳跃性形态变化的突变，该突变在群体中所占比例不断增加'"。

对此，古尔德等人解释说，速水的观点"严格来说并不同于间断平衡假说的模型"，不过"与间断的进化观一致，在某种意义上补充了间断平衡假说"。

但是，化石记录中真的没有渐进的进化吗？他们的回答是"没有"。他们认为，之前被认为是渐进的例子，全都是对间断性进化的误认。不过，只有一个例外。唯有一项研究，古尔德等人承认是"渐进式进化的例子"。那是速水的学生小泽智生展示的古生代二叠纪纺锤虫（有壳的原生动物，有孔虫的一类）的连续进化。但他们对此的解释是，"间断平衡机制以多细胞生物为对象，而有孔虫这样的单细胞生物，可以出现渐进式的进化"。

基于这种不连续的进化观，古尔德等人强调，对于种以上的分类（属、科、目等）中所见的形态差异和多样性进化（大进化），乃是完全随机的过程，其发生机制，与种以下的分类中发挥作用的小进化（自然选择与遗传漂变）截然不同。他们将物种比作基因，将物种分化比作突变。正如群体的遗传变异因突变和遗传漂变发生随机性变化一样，随机的地理隔离导致的物种分化和随机性灭绝，也给每个系统的物种构成带来随机性的变化。从一个群体发展而来的多个群体中，各群体的基因构成会因随机性变化出现巨大差异；同样，从一个系统发展而来的多个系统中，各系统的物种构成也会因随机性变化出现巨大差异。由于形态变化只在物种分化时发生，所以物种构成的差异也就表现为形态的差异。他们认为，不同系统间在形态上的巨大差异，也就是属、科的特征，就是这样进化而来的。

间断平衡假说的论文展现了新古生物学想要在进化学上掀起革命的野心。绍普夫和劳普等"革命战士"纷纷围绕大进化发表研究成果。每项研究都在强调不同于小进化的机制——随机性物种分化与随机性灭绝的效果。古尔德与革命战士们一起，假设"在漫长的时间尺度下，物种与物种之间互相中立、没有优劣"，试图说明大进化。

另一方面，与这种间断的、中立的看法相对立的假说也出现了。其代表是李·凡·瓦伦的"红皇后假说"。凡·瓦伦在1973年发表论文指出，在整个地质年代上，灭绝率几乎是不变的。他认为，带来这种"灭绝率恒定规律"的，是生物物种间捕食与被捕食等竞争关系所推进的、延绵不绝的适应性进化。如果某个物种的适应度发生变化，必然会影响其他物种。在这种竞争中，能够保持适应性进化的物种才能延续下去，无法保持的物种则会灭绝。凡·瓦伦借用《爱丽丝漫游仙境》中的人物红皇后的台词，"你必须尽力奔跑，才能停在原地"，给这个假说命名为"红皇后假说"。

但是，这种极端的适应主义的机制，为什么能够带来几乎恒定的灭绝率？凡·瓦伦的观点是，"没有绝对的胜利者，胜利者迟早会被追随者打倒"。

然而，红皇后假说很快便被劳普和他的学生推翻了。后者指出，凡·瓦伦指出的灭绝率的模式，其实反映了化石记录的不完全性。凡·瓦伦的适应主义观点，并没有得到太多的支持，这一情况一直持续到后来海尔特·弗尔迈伊发现捕食与被捕食的关系是推进中生代以后生物群落变化的重要因素为止。

转向

古尔德率领着新古生物学的战士，他的观点愈发激进，最终开始对适应主义和带有其色彩的综合论发起攻击。1978年，在汇集了凯恩和克拉克等适应主义者的英国皇家学会演讲会上，以及翌年发表的论文中，古尔德等人宣称，"仅靠基于自然选择的适应机制，无法解释生物的形态和行为"。他们还认为，还原主义的思考方式——将形态分解为构成要素，通过用适应来解释各要素，这样便可以解释整体形态——并不能解释生物的形态。这相当于说，将时钟分解开来，逐一理解每个部件、每个齿轮的作用，并不能理解时钟的形态意义。古尔德认为，要理解形态，必须将各种要素加以综合，作为整体去理解。

古尔德强调，生物的形态，并不是对于必要功能的最适合的设计。生物并不能自由变化成最适合的形态。这是因为，形态受到祖辈的进化历史和个体发育路径的制约。发育的规则，比如异速生长，就是很好的例子。此外还有构造上的限制。比如，能够使用的材料不同，产生的形态必然也会受到制约。发育遵循几何或物理的规则，所以只能产生出几何与物理上允许存在的形态。

形态虽然是功能性的，但并不能就此断言说，该形态就是对功能的适应性结果。古尔德做了一个比喻：圣马可大教堂的拱肩（拱门与拱门之间的三角形空间）带有美丽的装饰，但它不是为了装饰而建造的。由于需要在多个相互连接的拱门上建造穹顶，因而在建筑上必然产生这样的空间。除此之外，有些情况下，形态上也会不具备任何功能，因而与适应全然无关。他举的例子是幼态延续。古尔德写道："幼体形态本身只是缩短了世代时间的副产物，在其中寻找适应的意义是愚蠢的行为。"

古尔德更是激烈批判了适应主义的思维方式。他说，适应主义一方面号称接受自然选择之外的因素，另一方面实际上试图将一切都用自然选择加以解释，这种自相矛盾的做法，可以追溯到 19 世纪的阿尔弗雷德·华莱士。在论文中，古尔德引用了乔治·罗曼内斯对华莱士的批评，如此攻击适应主义："华莱士一方面说还有自然选择之外的解释，另一方面实际上对自然选择之外的一切都不承认。"

这一批评，正是古利克的盟友罗曼内斯代替古利克向华莱士发出的诘问。年轻时的古尔德曾经相信适应主义的正义性，对那时的他而言，古利克本是威胁适应主义的邪恶化身。古尔德的这一转向，恰似正义骑士阿纳金·天行者堕入黑暗，化身为达斯·维德。

细长的蜗牛

古尔德攻击适应主义所用的武器，是在加勒比海群岛上生活的花生蜗牛，那是子弹形状的细长蜗牛。

为了说明历史的偶然比适应更加重要，古尔德选择的研究课题之一是地区效应。

他在巴哈马群岛调查了花生蜗牛属的一个种。他发现，以某个地点为分界，细长类型会突然转变成粗短形状的类型，而与环境的差异无关。那正是亚瑟·凯恩试图用自然选择加以解释的奇特地理模式，也和森林葱蜗牛的纹理所展示的地区效应相同。

古尔德研究化石发现，那种粗短类型其实是该种与历史上生活在本地区的其他种之间杂交而产生的后代。形态的地理性差异反映的并不是对环境的适应，而是与其他种的杂交历史。更严谨地说，其他种的进化结果，通过历史上的偶然相遇和杂交，转移到该种中。

因此古尔德认为，对于地区效应而言，相比于在当下发挥作用的机制，即自然选择的机制，历史的偶然所产生的影响更大。他批评布莱恩·C.克拉克的地区效应模型仅仅考虑了自然选择的效果，认为仅仅依靠在当下观察到的机制无法说明地区效应，因为它也受到历史因素的影响。

除此之外，还有其他非适应的机制，制约形态的物理与几何学规则。比如规定了结晶形状的物理规则、"分割正方形产生的小正方形，其面积与数量成反比"的几何规则等。后者可以称之为几何学上的权衡。古尔德认为，花生蜗牛展现的形态变异，很多都可以简单地用这样的规则加以解释。

比如，花生蜗牛外壳螺层数的变异。不同的蜗牛物种，成熟之后的外壳螺层数会有极大差异，同一物种内也有差异。很多人认为，外壳螺层数的差异是对外壳强度、行动能力等的适应。但古尔德认为，花生蜗牛的螺层数本身并没有适应上的意义，那是其他外壳特征，如身体大小、胎壳尺寸等差异（这本身可能也是适应的结果）的副产物。

在此不妨设想蚊香状的螺旋。对于方向相同的螺旋来说，整体直径越大，螺层数当然越多。而另一方面，如果整体直径相同，那么最中心处的螺旋直径越小，整体螺层数当然也会越多。花生蜗牛的螺层数变化也是这个道理。

简单的物理学与几何学规则，加上发育规则（发育制约）的效果，便产生了极大的形态差异，也就是形态的飞跃性变化。

这里所关注的形态，是外壳的高度。在蜗牛中，既有高高的塔形外壳，如花生蜗牛和夏威夷树蜗等，也有扁平的外壳，如百慕大蜗牛和森林葱蜗牛等，但很少有中间形态的外壳，也就是高度和直径差不多相等的类型。也就是说，外壳的形态具有极大的差异。

凯恩将这一现象解释为蜗牛背负外壳时对重力的适应。在垂直面上，细长外壳相对重力的荷重较为有利；相反，水平面上的扁平外壳荷重较为有利。这就是所谓的两极化。按照凯恩的说法，具有扁平外壳的物种，倾向于在地面这样的水平场地活动；具有细长外壳的物种，倾向于在树上或墙面之类的垂直面上活动。

古尔德没有直接涉及这个两极分布的问题，但他认为，像这种外壳高度的巨大差异，并非来源于适应，而是受到物理学与几何学的制约，以及发育路径的制约。

花生蜗牛具有异速生长现象，"随着螺层数的增加，外壳会变细长"。每卷一圈，外壳的纵向生长远远多于横向生长，所以随着身体长大，外壳的螺层数会在螺旋的几何学规则限制下增加，导致外壳在发育规则的限制下变得细长。而另一方面，螺层数相同的情况下，如果身体很小，由于纵向长度并不会改变，所以当螺层数相同时，自然也就会出现细长外壳。

螺层数（或身体大小）与形态之间具有指数关系，螺层数的微小变化，会导致形状发生很大变化。所以，身体大小的少许变化，便产生了飞跃性的形态差异。古尔德指出，作为这种身体的大型化或小型化的结果，花生蜗牛曾经多次进化出极端细长的烟囱形。

重要之处在于，细长的形状本身并没有适应上的意义。换句话说，不能将形态分割成不同点来理解，必须将各要素相互联系，作为整体加以考察。

猛烈反击

"按照迈尔的观点，在综合论中，一切进化都是小变异的不断积累，大进化不过是小进化的延伸……如果迈尔对综合论的描述是准确的，那么该理论作为一般性命题，事实上已经死亡了。"

古尔德在 1980 年的论文中这样宣布。这是对综合论的宣战通告。

这份通告终于让生物学家们坐不住了，他们开始了猛烈反击。论战终于爆发。

同年秋天，在芝加哥举行的大进化主题学术会议，成为进化生物学家与古尔德率领的古生物学家的激战之地。

批评集中在间断平衡假说和发育制约上："我完全不能理解这种怪异的想法有什么意义""看起来好像是在批判综合论，其实早在 25 年前，我就在自己的综合论著作中写过这个想法"等等。

这甚至引起了情感上的对立。参加学会的一位遗传学家如此记载他的观感:"40年前,达尔文的新支持者们(费希尔、赖特、迈尔等人)从古生物学家们手中抢过了进化的聚光灯。而这场会议似乎开始于一些擅长讲故事的化石爱好者试图重新获取关注。遗憾的是,他们的故事里没有数据,也没有新意。"

"都是综合论很早以前就设想的机制,没有任何新意",对于这样的批判,古尔德反驳说,回顾20世纪50年代以来的历史,适应主义的胜利排除了其他许多丰富多彩的想法,所以"这个想法也许的确很早就有,但这几十年来,综合论一直处在适应主义的引导之下"。

芝加哥的论战之后,群体遗传学家与进化生态学家的批判更为激烈。他们对于非适应性进化、发育制约等观点的反驳尤其强烈。他们反驳说,形态之所以长期没有变化,不是因为发育制约,而是因为改变形态的遗传变异常常被自然选择剔除。对于这样的批评,古尔德通过花生蜗牛的证据加以对抗,但因为缺少遗传学的支持,难免处于劣势。

批判古尔德最为严厉的人是凯恩。在皇家学会的演讲会上,古尔德提出,"蜗牛的外壳纹理,不过是化学反应和偶然性的产物,本身并没有适应上的意义"。而紧随其后出场的凯恩,表示古尔德所说的每一点都是适应的结果。

以物种分化率和灭绝率的差异来解释大进化的模型,也被视为"怪异的想法"。不需要涉及物种层面，仅仅考虑个体和基因的变化，便可以解释一切。

"革命"的核心理论——间断平衡假说也受到猛烈的批判，包括许多古生物学家也表示反对。反对的观点是多方面的，比如，"所谓与间断平衡假说对立的渐进理论，原本就是古尔德等人创造出来的稻草人，是他们虚构的观点""渐进式进化的例子也很多""物种分化与形态分化发生的时间未必一致（花生蜗牛其实也是不一致的例子）"。迈尔声言自己率先提出了间断平衡假说（所以他没怎么批评）。

再后来，随着物种分化机制研究的进一步深入，人们发现，边缘隔离物种分化所设想的小群体中的物种分化其实并不常见。"遗传革命"没有获得事实证据，理论上也受到广泛批评，边缘隔离物种分化的观点失去了支持，导致间断平衡假说也失去了理论的基础。最终，古尔德不得不承认，当初间断平衡假说所设想的机制并不恰当。

在经受了诸多批评之后，间断平衡假说演变成不拘泥过程的模式论。进化中普遍存在特征性的、间断性的变化模式，其模式由无变化的时期和相对快速变化的时期构成——这一观点变成了现在的间断平衡假说。它不再是关于进化机制的模型，于是也不再是进化理论。这是事实上的停战。

到1990年前后，古尔德等人的挑战基本上都结束了。这场战斗并没有得到进化学领域的广泛支持，草草收场。

古尔德等人的功绩

如果只看事情的结果，可以说古尔德等人的革命以失败告终。

但在科学的论战中，很少有绝对的胜利和失败。就像当年濒临破产的苹果公司，如今成功发展为世界十强企业之一。曾经被视为异端的假说，如果随着时代的变化，出现了更多的证据，那么也会获得科学共同体的支持。

到了 21 世纪初，许多进化学家开始使用当年古尔德反对适应主义时所使用的那些术语。古尔德指出的历史、偶然、发育、整体论，以及限制的重要性，随着新知识和新证据的积累，终于获得了立足点。哪怕那些想法是很早就有的，但正是古尔德等人让它们燃起了新的光芒。

今天人们普遍认识到，生物的进化历史束缚了该生物的进化（系统的限制）；复杂的基因间相互作用，限制了生物的形态变化，或者将之推向特定的前进方向。其中的一些已经在第五章中讨论过了。此外，偶然的历史、间断的进化观、独立于小进化的大进化过程等观点，也促进了人们对当今得到广泛支持的进化史（"环境巨变导致的大规模灭绝，是决定生物多样性的主要因素"）的理解。这些非适应性的过程，也和分子进化的中立理论一样，被吸收到综合论当中。

最重要的是，如今古生物学能够以进化学分支的身份占据独立的地位，正是古尔德和新古生物学推动者们的功绩。

古尔德等人发起的论战，也是驱动新研究的推进力。围绕发育制约的论战，促成了进化与发育学相结合的新兴研究领域——"进化发育生物学"的发展。另外，间断平衡假说的论战，也是20世纪80年代以来物种分化研究取得很大进展的契机。

再来谈谈古尔德他们在间断平衡假说中提出的中立的物种（系统）随机分化与灭绝的模型，这本来被认为是"怪异的想法"而不受关注，但随着分子系统学的普及，推测物种分化的历史成为常规性的操作，结果今天的生物学家们也提出了与之类似的模型，这可能也是因为长年主导生态学的"竞争排斥原理"有所衰退的缘故。

21世纪初期，在一直将"竞争"置于多样性说明原则中心位置的生态学领域，诞生了新的革命性理论。作为"生态学中立理论"，它将处在同一营养阶段的物种间关系假定为相互中立、不分优劣，由此来理解物种的多样性和群落的构造。这一理论在生态学领域掀起了轩然大波，引发极大争论。

中立理论的倡导者斯蒂芬·哈贝尔在某篇论文中如此写道："古尔德早已提出过生态学中立理论中最重要的两个想法……古尔德等人，通过对中立系统的研究，发挥了中立理论先锋的作用。"

不过，关于蜗牛形态的问题又怎样了呢？比如蜗牛形态变异中显示的不连续性，这也是古尔德尝试使用非适应性机制来解释的问题。

关于这些问题，我们去下一章看看。

第七章
贝壳与麻将

斯蒂芬·古尔德的研究室正在召开例行的讨论会。学生们围坐在研究室铺的绒毯上，一边啃苹果，一边讨论。

这一天的主讲者是日本人，速水格。

速水介绍了两种形态的泡隐扇贝，解释了由此推断出的形态进化模型。学生们的提问毫无顾忌。他们自由发表意见，表达疑议，速水也寸步不让地回应，古尔德有时也会加入评论。这是自由而坦率的时间。

速水结识古尔德，是在 1968 年。指导速水的诺曼·纽埃尔将他介绍给古尔德，后来两个人便长期保持着交流。1975年，速水在哈佛大学的古尔德研究室做了大约两个月的访问学者。古尔德亲密地招待速水，还把他请到自己家里，而速水也下厨炸了天妇罗。

速水这样描述当时的古尔德："洋基队赢的时候，他笑得像个孩子，就像是超市里遇到的体贴大哥哥一样。"

在这段时间的交流中，速水产生了一个研究构想。

古尔德介绍了自己的研究对象，百慕大蜗牛。他建议速水说："如果日本也有像百慕大这样远离大陆的海岛，也出产蜗牛的化石，那将会是研究进化的绝佳模型。"恰好速水知道这样的地方。几年前，他的朋友在小笠原诸岛进行地质调查，采集了埋在沙丘里的蜗牛外壳。那是名为坚蜗牛的小笠原本土物种。那位朋友认为，坚蜗牛的化石来自更新世。如果说百慕大是大西洋的孤岛，小笠原便是太平洋上的孤岛。速水决定日后一定要去小笠原，研究坚蜗牛。

速水格

第二次世界大战期间和战后，速水在纪州（和歌山县）度过了少年时代。冲到纪州海岸上的美丽贝壳，激发了速水对贝类的热爱。此外，速水对麻将的喜爱，也是在这段时期培养出来的。

回到东京上初中，他和朋友一起，正式开始了贝壳的采集和研究。他的基础来自和其他贝类研究者的交流，而后者又继承了平濑和黑田的谱系。高中时期，他参加了研究者举办的座谈会，还接受过研究者的指导。

但在考入东京大学后，他把贝类完全抛到了脑后，彻底沉迷在麻将里。一、二年级（通识课程）基本上没听课，考试也是险险及格。速水回忆当时，这样写道："我只记得自己一天到晚玩……除了睡觉，差不多一半时间都在打麻将和听唱片中度过。"

唱片大概是速水喜欢的马勒的吧。

不过，到了1956年，大学三年级，他决定去上地质学课程的时候，又陡然转变，像是换了个人一样刻苦攻读。他通过化石找回了自己对贝类的热爱。他在这一时期发表了许多论文，甚至被戏称为"速写格"。

再到 1961 年，速水以中生代贝类化石的研究项目取得学位。恰好当时他听了从美国回来的花井哲郎的讲座，由此决定了研究方向。那个讲座介绍了古生物学的萌芽，也就是纽埃尔等人创立的吸收了群体的概念、以进化为主题的全新古生物学。

翌年，速水获得九州大学的教职，开始以贝类化石为模型展开进化研究。除了田野调查、实验材料的处理和解析，以及在休息日里稍微打几圈麻将之外，速水每天都围绕着作为理论研究的新古生物学，和学生们一直讨论到深夜。

有一本书，对这时候的速水产生了决定性的影响。那是他偶然在书店里看到的，作者是驹井卓。由于那本书，速水开始涉猎驹井的著作和论文。他从驹井的作品中获得了非常大的启示，甚至用驹井的名字给自己的儿子取名为"卓"。

他参考驹井利用瓢虫进行的遗传研究，构思并于 1973 年发表了泡隐扇贝的二型研究。泡隐扇贝属于扇贝科，同科还有虾夷扇贝等。速水根据化石记录，分析出两种形态展示了基因频率的时间变化。他又带上这些数据，拜访了日本国立遗传学研究所的木村资生与太田朋子，根据他们的建议，他分析出对这二型发生作用的自然选择。不过，分析得到的自然选择非常弱，木村同时也指出存在中立性进化的可能性。

同年，速水离开九州大学，去了东京大学。

限制与适应

　　与古尔德的交流，让速水强烈关注起"为什么会产生形式上的巨大差异和不连续性"问题。顺便说一句，将"Punctuated equilibrium"翻译为"间断平衡假说"的也是速水。不过速水起初对间断平衡假说怀有疑问，因为物种分化与形态变化不一致的情况很常见，就像泡隐扇贝。

　　在速水看来，要么适应要么非适应，要么部分要么整体，这种非此即彼的二分法观点并不能解决问题。他认为，要解决形态鸿沟的问题，需要采纳多方面的观点，即同时接纳古尔德的非适应性进化观点和适应主义的进化观点。而且，哪种假说合适，需要通过适当的分析和实验加以确认。速水重视的是对形态进行物理学式的理论解释和实验。

　　关于导致形态发生巨大变化的主要因素，速水考虑了两种因素。

　　一个因素是物理学与几何学的限制性效果，这也是古尔德所认为的非适应性进化因素之一。比如，扇贝类外壳表面的细微纹理展现出的巨大模式差异，反映了几何学的规律性。

速水也用计算机模拟重现了这一规律。另外，在遵照一定规律生长的生物中，如果不采用某些特定的生长方式，将有可能无法在物理上保持身体的平衡或者栖息姿态。在这种情况下，如果连续而细微地改变生长方式，那么由于形态具有的几何学结构，将会导致某个阶段开始突变为不连续的另一种形态。速水的学生冈本隆通过计算机模拟显示，中生代异形菊石的进化——日本菊石从弹簧形状的日本真螺旋菊石向卷成扭曲球状的飞跃性进化——就是一个例子。

相对而言，速水更重视第二个因素，也就是适应性过程——与竞争相关的适应性战略变化。这是凡·瓦伦和弗尔迈伊倡导的进化观。速水利用化石进行流体力学的实验和数据计算发现，扇贝科的动物为了躲避捕食者，采用了两项战略，一是让外壳变薄变轻，以便通过游泳逃跑的"游泳战略"；二是沉在柔软的沉积物中，让外壳变得极厚，即使遭受攻击也不会损坏的"冰山战略"。外壳厚重便无法游泳，所以这两项战略无法共存。因此可以认为，扇贝科动物适应战略的转换，即使经历了中间阶段，也是急速发展的。

速水将这些适应战略的变化与历史联系在一起。他认为，除了大灭绝时期以外，促进形态重大转变或适应战略变化的主要因素，是在吃与被吃（捕食与被捕食）的关系中产生的历史性变化。随着时代的变迁，新的捕食者出现，捕食压力不断提高，这迫使被捕食者产生新的变化。速水的研究成果与某些假说非常符合，比如弗尔迈伊的中生代海洋变革假说。该假说认为，中生代以后，海洋生态系中的捕食者增加，导致群落构成发生变化，被捕食者的防御战略和形态也发生巨大变化。在这种进化观下，攻击与防御的过程促进了新的性质的进化。现在我们所能看到的生物多样性，不仅是在环境巨变中幸存下来的偶然，也是生存斗争的历史性产物。

速水不喜欢建立一个支持某种特定学说的学派，因而不太喜欢学生和自己有同样的想法。尽管如此，对形态鸿沟的关注，与重视这种斗争历史的进化观，还是成为速水的众多门生所推进的研究核心之一。比如大路树生发现中生代以后的捕食压力增加，引发海百合对捕食者的防御战略变化，导致海百合发生重大的形态变化。同为速水门下的加濑友喜，和速水共同研究了海底洞穴的贝类群落，发现它们是繁荣于中生代的贝类延续至今的种群。那些贝类隐居在几乎没有天敌的海底洞穴，除了小型化之外，形态自中生代以来几乎没有什么变化，可以说是"活化石"。

此外，以加濑的学生狩野泰则为中心进行的研究发现，在那些海底洞穴的贝类中，包含具备石灰质口盖的树螺科的直系祖先。亚当微蜎螺是直径 5 毫米左右的圆形螺类，形态如名字一样宛如白玉[1]。在捕食压力高涨的中生代，其同类的

---

[1]　日文名直译为"白玉蜎螺"。——编者注

一部分逃往陆地，成为具有石灰质口盖的蜗牛。留在海里的大部分都灭绝了，但在缺少捕食者的海底洞穴中，也有一部分幸存下来，形态也没有发生很大变化。

如上所述，速水重视捕食与被捕食的适应战略和物理学与几何学的约束，尝试从实验和历史中理解形态鸿沟问题。那么，速水的这种进化观和研究方法，与蜗牛形态进化的问题，有什么关联呢？

从结论上说，速水并没有直接研究蜗牛。尽管速水将小笠原的坚蜗牛研究作为"珍藏的主题"长年酝酿，但最终自己并没有着手。也许是他日渐繁忙，迟迟无法前往小笠原吧。不过他还是给亚瑟·凯恩写信，请他复印大量的蜗牛论文寄给自己；他也曾在去奄美群岛的喜界岛上调查泡隐扇贝化石的时候顺路采集蜗牛，以此向古尔德炫耀，表示自己只要有机会就会研究蜗牛。

不过，正如他的学生揭开树螺科起源之谜那样，继承他的进化观、解决蜗牛问题的，也是由他的门生源流衍生出来的下一代研究者。速水不喜欢建立学派或流派，所以对这种事情自然没有期待，更没有预见。但从大尺度上俯瞰，在后继者众多的古生物学之外，也能辨认出速水进化观的痕迹。其中之一，正是关于古尔德曾经致力研究但未奏功的问题——蜗牛形态所展示的不连续性和巨大的鸿沟。

外壳高度的两极化

古尔德对适应主义的批评，被凯恩断言为"只是宣传，不算科学"。古尔德从花生蜗牛研究中得出的结论，即"形态变异展现出的鸿沟，可以用非适应的机制加以解释"的观点，也被斥为"非科学"。凯恩的批评很尖锐，比如"花生蜗牛的形态差异，明明可以用它们对不同生活形式的适应加以说明，古尔德却连做做探索适应性因素的样子都没有"。

在这些彻底否定古尔德的论文中，凯恩用来反驳古尔德观点的实例，是蜗牛外壳高度的两极化现象。在所有螺类中，唯在蜗牛身上才会看到这种模式。凯恩认为，这正是自然选择导致形态变异出现巨大鸿沟的例子。第六章中已经解释过，由于重力的影响，蜗牛在地面等水平面上活动时，扁平的外壳较为有利；而在树干或岩石等垂直面上活动时，塔形外壳更有利。但高度居中的外壳在两种环境下都是不利的，因而在野外基本上不存在中间形态的种群。那么，这个鸿沟到底是如凯恩所说，是适应的结果，还是如古尔德所说，来自发育上的限制呢？

挑战这一问题的是冈岛亮子。冈岛跟随速水的门生学习，继承速水的风格，对蜗牛进行了物理学的实证分析，证实了凯恩的假说。她把外壳视为蜗牛背负的行李，计算了行李应该是什么形状，以及如何背负最为轻松。她首先求出外壳在重力下的重量，计算蜗牛在背负外壳时以什么样的角度倾斜会更为轻松。而她从外壳形态计算出的最适合的角度，与从现实中蜗牛身上测得的角度基本一致。

接下来，她又计算哪种形状的蜗牛外壳承重最轻、消耗能量最少、背负最轻松。结果出人意料。在水平面上爬行的时候，扁平形状的外壳最合适，这与凯恩的预想一致。但在垂直面上爬行的时候，扁平形状和塔形外壳都很合适。另外，如果加上最大的负重，反过来计算哪种形状的外壳最难背负，结果则是高度与直径之比为 1.4 的外壳。如果外壳高度的两极化是对重力环境的适应性结果，那么在野外的蜗牛中，外壳高度和直径之比为 1.4 的种类应该最少。

但在所有种类的蜗牛中实际测量它们的外壳高度与直径之比，发现最少的是高度与直径比为 1.2 的外壳。如果限定外壳较大、更容易受到重力影响的种类，那么高度的变异就出现了明确的两极分布，其山谷部分，也就是基本不存在的种类，高度与直径之比为 1.3，与理论预测值 1.4 接近。

可以说，蜗牛外壳的高度变异所展示的鸿沟，似乎正如凯恩的预想，显示了对重力环境的适应。但是，情况并不像凯恩想象的那么简单。在垂直面上，扁平外壳与塔形外壳的功能都一样。如果其他条件相同，那么在垂直面上，扁平外壳与塔形外壳也就不分优劣。决定是扁平还是塔形的，可能还是纯粹的偶然。

罗伯特·卡梅伦在面向大众介绍蜗牛的著作中，用优美的图表介绍了冈岛的这一研究结果。如果速水没有遇到古尔德，那么冈岛的研究大约也不会出现在这本书里。另一方面，如果没有遇到凯恩，卡梅伦大概也不会写这本书。因为，卡梅伦原本的目标是成为鸟类研究者。让他转向研究蜗牛的契机，正是他与碰巧遇到的老师凯恩交谈的四五分钟。相遇与争执，都是新研究的推动力。

多方面的思考

当然，影响外壳形状的不仅是重力，还要从多方面加以考虑。

比如外壳的坚固程度，极端扁平的外壳和极端细长的外壳都很脆弱，所以进化的条件是受限的。此外，在爬行速度比背负舒适更重要的情况下，即使是在平面上，细长的外壳也更为有利。

对干燥的耐受性也与外壳形状有关，但这种关系很复杂。表面积和体积的关系、壳口的面积，以及是像有肺类那样用薄膜盖住口，还是像树螺科那样用盖子盖住，条件都会发生变化。

生活场所的影响也很大。比如住在石灰岩裂缝里的种类，多数有扁平的外壳，这被解释为扁平的外壳有利于潜入石头的缝隙。休息时所附着的物体，也会影响外壳的形状。如果身体脱离了附着的物体，会有很大的风险。壳口大的个体，附着在物体上的面积更大，因而人们倾向于认为附着力更强，但事实未必总是如此。

有一项研究，用形状更为简单的拟帽贝代替蜗牛做了验证。生活在海岸边的圆锥拟帽贝有两种类型，一种壳口小、背稍高，另一种壳口大、呈伞状。速水的学生中井静子通过实验研究了壳口大小与附着力的关系，看它们在不同的附着物上，形态会如何变化。测算附着力的结果发现，壳口小的类型对球形物体的附着力更好，而壳口大的类型对平滑物体的附着力更好。如果换成蜗牛，那么具有大壳口的个体，在附着于墙壁或大树叶等平滑物体的时候更为有利，而在附着于树枝之类细而圆的物体，或者凹凸不平的物体上时，会变得不利。

但这些因素很难解释外壳高度的两极化。相反，这些都像是变化的噪声，并不能解释为了适应重力环境而产生的两极分化。

解决这个两极化问题的，还是速水一脉的研究者，平野尚浩，他从完全不同的角度解决了这个问题。冈岛研究了蜗牛的形态，但没有研究形态与生活方式之间的关系。平野认为："如果冈岛的结论正确，那么在垂直面上活动较多的树上性物种，应当会出现扁平形和塔形的两极化；而在水平面上活动较多的地表性物种，应当全都是扁平形。"为了验证这一假设，他着眼于由大脐蜗牛属、少女蜗牛属、假拟锥螺属等构成的盾蜗牛类。

这些蜗牛的外壳各不相同。大脐蜗牛属都是扁平形，假拟锥螺属都是塔形，而少女蜗牛属大部分是扁平形，一部分是塔形。平野大约调查了100种蜗牛。结果正如预期，大脐蜗牛属全都是地表性，少女蜗牛和假拟锥螺全都是树上性。

接下来平野又去验证历史情况。因为正如古尔德在百慕大蜗牛的论文中强调的那样，如果历史上反复发生过固定的模式，那么便说明该现象具有一般性。不过平野采用的方法是从基因推测历史。

获得的分子系统树令人意外，属的分类与系统关系完全不一致。假拟锥螺属的塔形物种仅仅是"外表相似"，其实是由其他扁平形物种各自独立进化来的。而且许多被划为假拟锥螺属的中国种，其实并不是盾蜗牛，而是同型巴蜗牛。如果只看系统树推测进化模式，那么不管是地表性还是树上性，塔形物种都是由扁平形直接进化而来，没有经历中间形态。这个结果支持了冈岛的结论。

平野获得的系统树，还展示了另一个重要的倾向。除了扁平形和塔形会有反复的独立分化，其他形态变化显示出明显的受抑制倾向。在大部分时期，形态都是稳定的，但有时也会发生极大的变化——这正是与间断进化观相符的结果。

初看起来，这个结果似乎也与冈岛的模型一致，但实际上还存在一些问题。与扁平形和塔形的变化相比，其他的变化很小。冈岛认为这种极端稳定性的主要原因在于适应，但考虑到还有环境带来的影响，仅靠适应似乎不足以解释。没有其他因素了吗？

僵化

答案的线索可以回溯到 20 世纪初。当时英国有两位业余研究者在做蜗牛的交配实验，一位是西里尔·戴弗，他曾与费希尔一起试图弄清森林葱蜗牛外壳颜色多态性的遗传模式；另一位是亚瑟·斯特福克斯，他用大量散斑大蜗牛进行了数十年的交配实验。散斑大蜗牛从孵化到成熟需要一两年，可想而知实验有多漫长。然而斯特福克斯在世的时候，这项研究几乎不为人知。要到很久以后，人们才弄清这项交配实验的全貌。

斯特福克斯的目标是从扁平形的散斑大蜗牛群体中培养出塔形的群体。他不断挑选外壳更高的个体进行交配，重复许多世代。但他在实验中发现，当外壳达到一定高度后，无论如何挑选和重复，都不会继续变高。这和赖特想要通过人工选择创造豚鼠新品种时的情况一样。

在生长过程中，有某种调节外壳高度的机制在起作用。如果幼体阶段的外壳过高，那么随后的螺旋方式就将发生调整，成体时会恢复到普通的外壳高度。仿佛一旦某个部分发生变化，旁路机制就会启动，以其他方式修正变化。最终结果就是，从整体上说，尽管外壳高度比原先的群体略有增加，但只有开始选拔之后的第 10 代和第 11 代出现过少量形状怪异的个体，并没有形成塔形的群体。

在形成外壳时，多个基因相互具有复杂的关系，因而无法简单改变形状。在某种环境中，首先进化出对该环境有利的形态，随后便在自然选择的作用下进化出维持这种形态的遗传机制。可以想见，扁平形和塔形之所以能够各自保持稳定，首先是因为它们对各自所处重力环境的适应，其次是因为维持该形态的遗传系统也发生了进化。后者正是被古尔德称为"发育制约"的机制之一。

一旦进化出严格控制形态变化的系统机制，那么即使环境变得对生存不利，形态也很难产生灵活的变化。此外，由于形态变化受到限制，生活方式和宜居环境也很可能受到限

158

制。打个比方来说，对旧日荣光念念不忘的政府、企业、大学、传媒、球队……他们和贝类的共同之处在于，都把维持现状放在第一位，结果导致体制僵化，无法改变。在今天的日本，这样的例子数不胜数。

大部分情况下，只有新的机遇，或者来自外部的强大压力，才能改变这样的状况。对蜗牛而言，改变的压力之一来自于捕食者。蜗牛有许多天敌。除了鸟类等脊椎动物，昆虫也是强大的捕食者。有一种食蜗步甲，就是特别喜欢捕食蜗牛的昆虫，它们对蜗牛形成了强大的捕食压力。在了解吃与被吃、捕食与被捕食、攻击与防御所带来的变化上，它们提供了很好的模型。

蜗牛与食蜗步甲的关系表现出了速水所关注的攻击与防御的适应战略。而对此进行调查的，则是同样与速水一脉颇有渊源的小沼顺二。

顾此失彼

大学距离日本东北最大城市的中心车站只有 15 分钟车程。然而，尽管是这样的选址，大学校园里依然还有峡谷和深邃森林覆盖的山区，其中栖息着种类丰富的蜗牛，也有捕食它们的深蓝食蜗步甲亚种，很适合小沼的研究课题。他在校园的各个角落设置了装有糖浆的诱捕器，回收的时候会有遭遇黄蜂、狸猫和黑熊的危险。100多个诱捕器中，有几个抓住了颈部犹如茶壶嘴一样细长，带有紫色光芒的深蓝食蜗步甲。

小沼首先研究深蓝食蜗步甲吃什么形状的蜗牛。这种昆虫会将它们像镊子一样细长的颈部从蜗牛的壳口插进去，分泌消化液，吃掉软体部分。这是深入狭小空间的"潜入战略"。显然，像壮蜗牛那样壳口大的物种容易被捕食，而壳口小的物种，特别是塔形细长的烟管蜗牛就不会被捕食。相比于扁平形的物种，塔形物种的螺旋方式更紧密，只要软体部逃入外壳的深处，捕食者的脖子便会被壳内的壁板挡住，无法深入。这一结果表明，对天敌攻击的适应，可能导致了蜗牛从扁平形向塔形的进化。

但小沼接下来的实验却显示出几乎完全相反的结果。

实验的差异在于选用的捕食者。这次是佐渡的本土亚种，佐渡食蜗步甲。在用这种步甲做的实验中，被捕食的是烟管蜗牛，而真厚螺基本上没有被捕食。产生差异的原因在于攻击方式的不同。佐渡食蜗步甲的头很大，颈部很粗，像钳子一样，所以大颚很发达，它们采取的是用大颚做武器破坏外壳的"破坏战略"。只要烟管蜗牛的外壳不是很厚，就会被破坏捕食。但真厚螺太大，外壳无法被破坏，而且佐渡食蜗步甲的颈部太粗，无法深入外壳内部。

为了对抗破坏战略而将外壳变大时，壳口必然也会随之变大，导致难以抵抗潜入战略。另一方面，缩小壳口对抗潜入战略时，整个外壳必然变小，难以抵抗破坏战略。对抗这边就对抗不了那边——这里便出现了权衡。

因为有这样的权衡，所以如果捕食者的战略发生变化，蜗牛的防卫战略也会变化，形态随之发生巨大改变。前文说过，扇贝的防卫战略分为冰山战略和游泳战略，也是类似的权衡案例。防卫战略的变化，不仅推动了扁平形向塔形（或者相反方向）的进化，而且其本身也导致了新的形态上的巨大鸿沟。

这种关系，同样也表现在捕食者身上。潜入战略发展到极致，颈部变得极其细长，大颚必然纤细脆弱，失去破坏力。而破坏战略发展到极致，大颚变得非常强大，那么颈部必然变粗，头部无法进入壳口。

小沼将深蓝食蜗步甲和佐渡食蜗步甲杂交，创造出颈部长度和粗度分成五个不同等级的个体，研究了各自的攻击力，也就是捕食的成功率。结果发现，无论潜入还是破坏都不上不下的多个中间型，也就是杂交个体，综合攻击力都不行。而表现出最高攻击力的，是各自战略的专家，也就是典型的深蓝食蜗步甲和佐渡食蜗步甲。在捕食者和被捕食者中都存在这类具有专家优势的功能性权衡，它也带来了形态的分化。

迎击、守城、倒立

这些实验说明的是，多样性的本质，并不只有一个正确答案。为了解决重力问题，蜗牛采取的战略，既是变成扁平形，也是变成塔形，两者都正确。对抗捕食者的问题也一样。在具备外壳的制约下，捕食者的出现，引导出解决这一问题的多个解释，也就是多个可行的防御战略。战略的多样性和形态的多样性便由此诞生。

首先，让我们来介绍一个继承了速水谱系的研究者所进行的研究案例。

森井悠太研究的是生活在北方大地上的蜗牛，这种蜗牛在面对危机时，展现出正反两种对策。

面对敌人的进攻，有两种可行的战略选择，是躲到安全的地方，通过固守来保护自己，还是以反击来击退敌人、保护自身？森井发现，分布于北海道的虾夷蜗牛，不喜欢守城的选择，更喜欢像真田幸村那样坚持迎击。一旦遭遇捕食者大琉璃食蜗步甲的袭击，它就会剧烈振动大大的外壳，打击对手，赶走它们。也就是说，虾夷蜗牛用外壳作为武器，击退敌人。

而同样分布于北海道的艾地爱野蜗牛，则像其他许多蜗牛一样，在遭遇大琉璃食蜗步甲攻击时，会立刻将身体缩回到壳内，一直等到敌人放弃攻击。这是龟缩防御，也可以称之为守城战略。

为了打击敌人，虾夷蜗牛需要具备很大的外壳，并且要用强有力的肌肉挥舞外壳，因此壳口也很大。而艾地爱野蜗牛为了防止敌人从壳口入侵，所以壳口很小，壳体本身也小。龟缩与驱赶不能并存，外壳的形状必须在这两种功能中做出权衡。所以在分别采取这两种战略的物种之间，形态上便有着巨大的鸿沟。

攻击性蜗牛与防守性蜗牛的分化，当然不是绝无仅有的特殊"案例"。与此完全相同的情况，也反复出现在俄罗斯东部地区的库页蜗牛中。在沿海的森林中，存在着形态、性质与虾夷蜗牛和艾地爱野蜗牛如出一辙的物种。它们为了适应步甲类的攻击，也出现了同样的进化。

接下来再介绍另一种蜗牛。对于捕食者的攻击，它们选择了令人惊诧的"倒立"对策。这是生活在热带山地的蜗牛。

在婆罗洲北部的石灰岩地带，有一处神奇的景观。在深邃的热带雨林中，耸立着许多雪白的岩石，宛如包围在森林中的巨型穹顶状未来建筑。有一种背口螺生活在这些岩石的表面，那是体长约3毫米的微型螺类，有着奇特的形态。在发育过程中，它们会形成塔形的外壳，但长到一半，螺旋会突然反向盘旋，壳口犹如喇叭一样展开，表面有无数鳍状突起。由于最终壳口朝向外壳顶部，因此背口螺在爬行时，就会变成外壳顶部朝下，在岩石上摩擦。

这种奇怪的形态，是为了对抗捕食者疣蚶蝓的攻击。发现这一点的，是在婆罗洲长期研究蜗牛的门罗·施尔苏伊森。这种天敌能够压在蜗牛壳上，用口器在外壳上钻孔。由于在外壳下面有厚厚的鳍状突起，因此即使外壳受到攻击，背口螺也能保护自己。但外壳的顶部薄弱，如果这里遭受攻击，背口螺就无能为力了。于是它们在发育途中倒转外壳，将脆弱的壳顶朝下隐藏起来，用喇叭一样的巨大壳口挡住它。

使用外壳的防御作战，在面对危机时，会展现出意想不到的奇异对策。与捕食者的斗争，也是诞生新形态的推动力。

军备竞赛

如果捕食者的攻击力提高，与之相应的对抗适应也会导致蜗牛的防御力提高吧，而捕食者也会进化出更强大的攻击力，以期击破强化的屏障。这样的"军备竞赛"，不仅会让捕食者与被捕食者各自的战略升级，还会不断催生出新的战略。

不断升级的战斗，攻击与防御的无尽攻防，在中国的自然生态中，便有这样一个世界。

那是位于中国西北部甘肃省的山区。当地除了玉米之类的耕地，都是干燥的疏林和荒地。但是，不论田地、草地还是树林，到处都有蜗牛，种类也相当多。两块网球场大小的地方，便生活着 30 种左右的蜗牛，但其中只有两个群体，也就是同型巴蜗牛和山艾纳螺。

枯叶下面还隐藏着蓝黑色光泽的大甲虫——步甲。研究这一地区步甲类的曾田贞滋认为，这里至少栖息着四种捕食蜗牛的步甲，而且个体数量非常多。代表性的物种，丽步甲甘肃亚种，是颈部和大颚细长的潜入战略者。而大头步甲则是颈部和头部异常粗大、具有巨型大颚的破坏战略者。两者显然都有极高的攻击力。

那么蜗牛呢？仅同型巴蜗牛属，便有 14 种并存。它们在遗传上的亲缘关系都非常近，但外壳形状却具有极端的多样性和巨大的鸿沟，完全看不出是同属的近缘物种。

为了对抗潜入战略，蜗牛的壳口必须很小。但这样会导致身体变小，成为破坏战略者的食物。如何解决这个困境？可以从蜗牛的形态多样性和不连续性上看到答案。

一个物种构筑路障，在壳口上具有巨大牙齿般的突起。另一个物种形成了塔形而极其坚厚的外壳。还有一个物种的螺旋极紧，螺层数也非常多，形成的外壳简直像是"年轮迷宫"，软体部分就躲在它的最深处。更厉害的是，不仅壳口非常狭小，外壳表面还密密麻麻地生长出豪猪毛刺般的棘刺。它们采用了不同的战略，躲避潜入战略者和破坏战略者双方的攻击。

这些案例表明，捕食与被捕食、攻击与防御的军备竞赛，能够创造出形态上的多样化。捕食压力的增大，能够创造出防卫战略的多样化和形态的多样化，也催生出了形态上的巨大鸿沟。

但是，这里有一个很大的谜团。要想出现形态的多样化，必须存在多样化的物种。仅靠种内的多态性，无法维持这种形态的多样性。为什么不仅形态具有多样性，物种的多样性也会如此丰富呢？

考虑到赋予蜗牛物种特征的形态都与防御力的强化有关，并且它们都是相互非常近缘的物种，由此自然会想到，对捕食的适应，不仅引起了形态的多样化，也导致了物种的多样化，也就是物种分化。那么，如果确实存在这样的过程，那又是怎样的过程呢？

物种分化与形态

约翰·古利克认为蜗牛的物种分化是地理的隔离和随机性性质变化的结果，阿尔弗雷德·华莱士则认为物种分化依然是适应的结果，两者针锋相对。大约百年后，这场论战重新点燃，而导火索则是古尔德等人提出的间断平衡假说。

在实现了中立理论和适应主义融合的今天，我们对于物种分化的看法，就像是以这两种思想为两极的一条长带。物种分化会在地理性隔离的群体中作为适应的副产物出现，也会因为遗传漂变而发展。此外，即使没有地理性隔离，物种分化也会作为适应的副产物出现，或者在其他机制下发生。

蜗牛的物种差异，受控于信息素的差异、求偶与交配行为的差异、外壳螺旋方向的差异、生殖器官的差异、无法受精或即使受精也无法正常发育等许多因素。比如说，交接器的形态不同，交配便有可能无法正常进行。龟田勇一等人研究的琉球群岛的栗蜗牛，在与其他物种共存的情况下，比起没有其他物种的时候，交接器的形状差异更大，显示出交接器的形状起到了阻止杂交的作用。

蜗牛发生物种分化的机制之一，就是像这样的交接器发生的构造变化。其起因除了遗传漂变之外，大约是对某种环境的适应的副产物，或者是交接器的功能向更高受精概率的方向进化的结果吧。

而在同型巴蜗牛的情况中，交配时反复用恋矢穿刺对方，是提高自己精子受精概率的行为。正如江村重雄观察到的那样，交给对方的精子，大部分都会被对方分解。因为蜗牛是雌雄同体的动物，站在雌性的立场上看，要与更多的雄性交配，从各种雄性获得的精子中，选用最好的雄性精子受精，才最能够提高适应度。从一只蜗牛身上接受的精子太多，就无法实现这个目标，所以会通过分解精子来减少这种情况。

但是，恋矢具有阻止分解的功能。附着在恋矢表面的黏液注入对方体内后，会阻止精荚分解，让更多自己的精子移动到储精囊，提高受精概率。这是雄性的策略，它们的爱就是战斗。

当这种雌性和雄性的利害关系对立不断升级时，围绕着精子的分解与阻止，便出现了军备竞赛式的进化。这种情况恰与捕食和被捕食的军备竞赛相似，因而同样也呈现出攻击与防御战略的多样化。作为其副产物，交配行为和交接器也产生出差异，这便带来了物种分化。

这种军备竞赛，也波及交接器之外的性质。木村一贵发现，蜗牛一旦被恋矢刺中，就会失去后面的交配欲，于是已接受的精子便有更高的受精机会。木村还发现，被恋矢刺入以后，甚至连寿命都会缩短。对方的身体越比自己大，这一效果便越显著。这是两难的困境。交配对象比自己大，自己就会有危险。但是，小的对象又不是很适合留下后代。要尽可能寻找体型大的对象，也就是优质的对象交配，后代的适应度才会提升。

这一问题的解决方法，是和自己差不多大小的对象交配。实际上，木村发现，在同型巴蜗牛中，身体大小不同的对象，会有避免交配的性质。也就是说，身体大小的差异，引发了物种分化。

对捕食者适应的结果，会导致生理性质，比如对刺激的应答或活动性的变化，而这又带来交配行为或交接器的形态变化，进而引发物种分化。另外，作为适应的结果，如果身体大小发生变化，作为其副产物，也可能发生物种分化。

库页蜗牛属的物种分化，以及中国的同型巴蜗牛属的多样化，很可能都是在这类机制下发生物种分化的例子。

前述森井的基因解析显示，守城型的艾地爱野蜗牛和迎击型的虾夷蜗牛共存而不交配，但它们的祖先却有过频繁的杂交。森井还发现，在久远的年代便被隔离的两个艾地爱野蜗牛地域群体，尽管在虾夷蜗牛分支出去之前就有了遗传上的分化，但依然可以相互交配。不是系统的差异，而是与躲避捕食行为相关的性质差异，影响了能否交配。

令人意外的是，到了这里，间断平衡假说的假设，也就是形态变化与物种分化的一致，暗示了基于这一机制的物种分化可能具有普遍性。然而讽刺的是，这一物种分化的机制，并不是古尔德提倡的以偶然为主的机制，而是以适应为主的机制。

※※※

很久很久以前，在生物的多样化游戏还没有开始的时期，蜗牛从生活在海洋中的祖先处继承下来的性质，便一直束缚着它们。除了像蛞蝓那样把整个外壳的限制都抛弃掉的物种，蜗牛的生活方式一直都受到背负外壳的制约。但正因为有那样的制约，在对环境的适应、与捕食者的斗争中，才诞生出丰富多彩的外壳使用方式、形态，以及维持生存的战略。正因为有制约才出现权衡，而权衡又通过偶然诞生出创造性和多样性。

速水经常将泡隐扇贝的两种类型比作麻将牌。他的意思是，只要摸一摸就知道不同。另一方面，他也将麻将描述为"如同进化一样"。不清楚他为什么这样描述，但听到这句话的某个人是这么解释的：

在一局（游戏）开始时，手上的牌中存在着各种和牌的可能性和目标。但是，随着一局牌的进展，每当手上拿到新牌，就要不断做出选择，扔掉一张牌、留下一张牌，因而目标逐渐受到限制。由于过去的选择，导致供选择的选项范围逐渐变小。而且随着牌局的进一步发展，与对手的关系（比如被和牌的风险）不断强化，不得不在战略上二选一（权衡）的局面越来越多，必须决定采用哪种战略、选择哪种和牌方法，或者干脆退出。此外，偶然摸到的牌，也会导致局面发生重大变化，增加多样化的可能性。

如此说来，这个过程确实与地球的漫长历史中出现的形态进化和多样化的故事非常相似。或许这也同样适用于人生吧。

第八章

东方的加拉帕戈斯

我年幼的时候，母亲和我说的事情总离不开战争与贝壳。战事一触即发的时期，母亲正在高知县的女校就读。她崇拜的理科女教师名叫中山伊兔，是很著名的贝类研究者。她丈夫也是教师，而且是著名的"蜗牛老师"。中山骏马这个名字，和"蜗牛老师"这个绰号，都给我带来不可思议的吸引力。

不过，后来我受到朋友和父亲的影响，转而专心于昆虫采集，忘记了蜗牛。

有失之神，也有得之神

上大学的时候，我本来的计划当然是学生物学，但在上了通识课程之后不久，我便意识到自己选错了大学。在这所大学，如果不能在一年的定期测试中取得超过他人的分数，就不能进入自己喜欢的学科。我疲于分数竞赛，内心痛苦不堪。

如果有自己的目标，那么绝不能靠偏差值来选择大学。

随后，我只记得自己度过了一段游手好闲的岁月。除了睡觉，剩下的大半时间都在打麻将和打工中度过。

最后，在必修课的考试前夜，我和朋友打了通宵的麻将，醒来的时候考试已经结束了，我便因为这种电影情节般的失误而留级。后来我总算升到三年级，进入专业课程学习阶段，读的也是和生物学无关的学科，而打麻将就像上瘾一样控制不住，我每天都在留级边缘徘徊。

1985年，我成了大四学生，面临就职还是继续读书的选择。

就在这时，我忽然想去读地质专业的研究生，重新来过。虽然基本上没有上过地质学的课，不过大学里做的毕业课题与地质学相近。但我在专业上获得的评价是"废物"，自然没机会去读这个专业的研究生。

听说构造地质学教授的研究室很好，我想不如去考那个研究室，于是决定直接去研究室参观。但这是没有预约的突袭，年轻的读者们千万不要效仿。

我来到地质学的大楼，敲响了那间研究室的门，教授出来开门，我告诉他，我想报考这间研究室的研究生。于是教授让我进去，向我介绍说："这里正在做的研究是……"

这时候，我才意识到自己弄错了研究室。因为我并不认识教授，所以一开始不知道自己敲错了门。这下完了，我想。教授已经开始介绍了，这是哪位啊？

不过，我很快又觉得，不妨将错就错吧。令人惊讶的是，这虽然是地质学科的研究室，但研究对象是生物，正在做进化相关的研究。桌上放了许多贝壳和化石，架子上放着动物的浸制标本，计算机的显示器上有菊石在游泳。教授强调说："我们以动物为对象，研究作为生物学的古生物学。"我想，没有理由不去抓住这个从天而降的机会，于是对教授说："为了做我想做的研究，我一定会奋力学习，通过考试。"

这位教授，就是速水格。

当然，我的考试成绩并不算好，不过勉强达到了研究生院的分数线，我幸运地"混"进了研究室。合格以后，我去拜访研究室，速水说了句不明所以的话："本科成绩不行的小子，将来会有出息的。"他又说："从研究生开始好好努力就行了。"然后他递给我一本深绿色封面的厚厚的册子，说我可以读读这个。那是斯蒂芬·古尔德的博士论文复印本，内容是关于百慕大蜗牛的研究。

原本停滞的时间，突然以疯狂的速度飞奔。我想自己再也不会回到在及格线上徘徊的生活了，而且我也确信自己不会再把时间浪费在打麻将那种令人厌恶的事情上了。

拜访过后，正要出门的时候，速水叫住了我。

"对了，"他问，"你会打麻将吗?"

转向的理由

速水几乎存有古尔德全部的论文，因而我也涉及了从花生蜗牛到间断平衡假说、大进化、发育制约、适应主义批评等各个主题。只是令人意外的是，速水用"玄学"来描述古尔德的间断平衡假说论文，让我带着问题意识去读。

让我非常混乱的是，古尔德的观点在20世纪70年代以后发生了天翻地覆的转变。从某个时间点开始，他突然认为蜗牛的进化不是因为适应。在此之前和在此之后的解释完全不同，我不得不在他的观点之间辛苦切换。古尔德自身的进化观也显示出间断性的变化。我问速水这种变化的理由，但他似乎不感兴趣，只是应了一声"谁知道呢"。

碰巧有一次古尔德来日本拜访速水，我决定直接问他。在对自己的研究做了讨论之后，我单刀直入地问古尔德，为什么以前和现在的解释截然相反。古尔德笑着说，"这个谁也不知道"，然后就换了话题。后来我没有再直接见过古尔德，最多也只有寄论文请他评论的机会，我始终没能弄清真相。

不过，当时的新古生物学推动者们，将目标定为创立古生物学独立的理论，必定是这一"转向"的重大理由之一。也许，在托马斯·绍普夫和大卫·劳普的思想基础上，本来就有着中立的、非适应性的机制，其思想波及了古尔德吧。

我之所以这么想，是因为读到了一本书。

速水的书库是宝山，所以我趁着巨人队获胜、速水心情大好的时候，去他的房间拜访，在书库里大肆翻找。我找到凡·瓦伦自费出版的杂志，那上面刊登了红皇后假说的原创论文。杂志的装帧类似怪异的同人志，营造出克苏鲁般的氛围，带给我某种发现了玛雅文明遗物般的兴奋。也许是对我所选书籍和杂志的风格太邪魅而感到担心，速水选了一本书给我。那是罗伯特·麦克阿瑟和爱德华·威尔逊的《岛屿生物地理学理论》。

读了这本书，我明白了古尔德、劳普和绍普夫等人关于大进化的理论来自何处。他们把随机性的物种分化和灭绝当作大进化的机制，这一思想不仅仅来源于间断平衡假说和赖特的遗传漂变，还有一个与劳普和绍普夫的引导完全不同的来源，那就是以岛屿生物群落为模型的麦克阿瑟等人的理论。

他们的理论是这样的：考虑某个岛屿时，岛屿生物群落的物种数量，由外部迁入物种和岛上灭绝物种的平衡决定。方便起见，假定一切物种都具有同样的中立性质，并假设迁入和灭绝都是随机发生。物种数量增加，灭绝的概率也会增大，而迁入数量则会减少，所以在迁入率和灭绝率刚好相等的时候，其物种数量就是岛上观察到的物种数量。如果迁入增加，物种数也会增加；如果灭绝增加，物种数则会减少。

大进化理论是将这个模型中的"迁入"替换成"物种分化",将岛屿扩展到整个地球,将最长不过数百年的生态学时间,扩展为数亿年的地球历史。此外,为了解释物种构成的变化,还拓展了赖特的遗传漂变理论,将它们融合在一起。

但是,由于迁入会导致岛上突然出现新的物种,所以为了能将迁入替换成物种分化,就必须允许地球上突然出现新的物种。因此要将这一模型与生物的形态联系起来,就必须要求形态只在物种分化时变化。间断平衡假说恰好满足这一要求。

麦克阿瑟根据这一理论,基于精简的竞争模型,创立了理论生态学和群落生态学的理论基础。而新古生物学的推动者们,特别是绍普夫和劳普,则试图将麦克阿瑟理论的另一个侧面,也塑造成自己这一领域的理论基础。

生态位利用的平衡

在决定研究蜗牛时,我意识到幼年记忆的重要性,也意识到重复性的偶然会成为必然,但我完全不知道为什么速水想让我研究小笠原的坚蜗牛。根据当时的研究室成员大路树生的说法，在我考试合格的时候，研究主题就确定了。

除了决定以"坚蜗牛的进化"为主题之外，速水没有再给我任何指示，只说让我自己随意去做。而且如果我去向他咨询研究相关的意见，他还会很不高兴。所以关于方向性和技术性的问题，我只能去请教同为研究室成员的棚部一成。至于速水到底想从坚蜗牛的进化中弄清什么，到最后我也不知道。

总之，我跳上每周只有一趟的定期航船，在太平洋的大浪中前往小笠原诸岛。当时，野外调查的旅行费用一般都是自费，所以我还在小笠原的民宿做兼职筹钱。好在只有早上比较忙，配餐、清扫、接待客人，等等，然后直到傍晚都没任务，可以用来调查。就这样，我把整个暑假都用在野外调查上。

调查的结果表明，速水认为的更新世蜗牛化石，其实最多只是几百年前的死壳，这让我很沮丧。不过我后来发现了真正的更新世蜗牛化石，以前没有人发现过，这才走上了研究的正轨。

我还发现小笠原诸岛的坚蜗牛属，包括未记载的物种在内，目前共有 22 种。此外，我在沙丘里还发现了已经灭绝的大型种化石，广脐坚蜗牛和大菱坚蜗牛，直径 4 厘米左右。根据碳同位素测定的结果，这两个物种一直存活到大约 300 年前，直到最近才灭绝。

我在父岛、南岛和母岛的地层中找到的是自更新世晚期开始大约 10 万年以来的化石种。这些化石种里也包括了更新世末期灭绝的物种，比如泰坦坚蜗牛，直径超过 8 厘米，是日本本土蜗牛中最大的。这个巨型种突然出现在大约 2 万 5000 年前，到 1 万年前又突然消失了。

存活至今的物种，也在约 2 万 5000 年前和 1 万年前显示出很大的形态变化。不管哪个物种，都是在地质学的极短期间内，也就是 2000 ~ 3000 年间，不约而同地改变了外壳的形态。

另一方面，在其他的时代，所有物种都没有表现出很大的形态变化。间断的形态进化模式不仅出现在物种层面上，在群落的层面上也能看到间断的变化模式，变化似乎集中在特定时期。

我当然很想弄清这种模式的背景是什么。出现变化的时期，同时也是地球寒冷化的高峰，随之而来的则是冰河期，以及急速暖化的时期。变化必定与气候变化有关，但根据理论推导出的气候变化，却和化石展现的间断模式并不一致。应该有某种别的因素在起作用。

仔细分析外壳的特征，我发现并不是所有特征都表现出间断性的变化，比如纹理。即使是在形态没有发生变化的时期，化石上保留下来的纹理多样性，也有一定程度的变化；而体现间断性变化的特征也有自己的共同点，它们都与生活地点和生活方式有关，也就是说，都关系到生态位的占用。此外，发生间断性变化的时期，必定会伴随物种的灭绝。

因此我猜测，有可能是竞争等其他物种带来的影响维持了群落的平衡状态。换言之，灭绝导致物种间关系发生改变，也引发各个物种的生态性质变化，进而急速转换到新的生态位利用平衡状态。我尝试将赖特的动态平衡理论应用到群落层面，将基因间的相互作用替换为物种间的相互作用，将遗传漂变所导致的基因变异的丧失，视为灭绝导致的物种多样性的减少。

但在当时，我缺少至为关键的坚蜗牛生态信息，因此很难验证这个"生态位利用平衡"假说。

小笠原的坚蜗牛

这里先简单介绍一下小笠原的坚蜗牛研究史。

最早的发现可以追溯到 19 世纪。有一艘英国探测船来到父岛，采集了坚蜗牛和广脐坚蜗牛。不过第一个正式研究小笠原蜗牛，包括坚蜗牛的，是平濑与一郎。在他之后，20 世纪 40 年代，江村重雄首次研究了坚蜗牛的生态，弄清了它的独特生活史，比如会产数个大的卵。

战后，凑宏做了分类研究。而在我开始研究的时期，富山清升调查了整个小笠原的蜗牛栖息情况。

我和富山等生态学家们一起做过研究，有很多机会向他们学习，导致我的兴趣也逐渐转向生物学。1991年，我在静冈大学（地质系）获得教职，有机会去分属不同学部的生物系研讨、听课、实习。而在从头开始学习生态学和遗传学等内容期间，生物学不知不觉变成了自己的专业方向。

本想培养古生物学家的速水，看到我这个样子，不知道会怎么想。不过速水一开始就说，随我自己的兴趣，所以我就跟着自己的兴趣走了。

话题回到蜗牛身上。

接下来我再解释一下现存的坚蜗牛属是什么样的。它们的直径大约2~3厘米，最明显的特征是外壳非常坚硬。另外，当存在若干个坚蜗牛属的物种时，相互之间的形态和栖息地（生态位）必然不同。当4个物种生活在同一场所时，栖息的具体地点总会分成树上（树上性）、地表的落叶层上部（地表性）、前两者的中间（半树上性），以及地表的落叶层下部（潜没性）。而且不仅栖息地点不同，夜晚活动的场所也有差别。地表性的蜗牛，会爬到落叶层表面，在水平方向上移动比较长的距离。但潜没性的蜗牛，大多会在落叶层内部、靠近土壤附近的地方活动，在水平方向上的移动距离不会很长。

这四种生态型和外壳的形状也有密切的关系。树上性的蜗牛是小型的，形态像是三角形的帽子。它有若干多态，底色包括黄色、粉色和绿色，也有黑色纹理有无的差异，色彩变异非常显著。半树上性的蜗牛体型略小，外壳扁平，下侧有大大的脐，颜色有黄色和粉色。地表性的是大型蜗牛，有点儿像是溃烂的橘子，外壳很厚，在黄色或粉色的底色上，大部分都有 1 ~ 3 条带子，这也是显著的变异。潜没性的蜗牛是稍大的穹顶型，外壳厚，有重量感，通常为漆黑一团，像墨一样，或是黑色底色上有一条黄色带子。这些形态特征都适应各自的栖息场所和生活方式（图 7）。另外，除了上述四种生态型之外，在石灰岩地带还有喜欢在石灰岩上生活的物种，一共 5 种。

图 7 坚蜗牛属的 4 个物种。左上：攀树坚蜗牛（树上性）；左下：黄脐坚蜗牛（半树上性）；右上：兄岛坚蜗牛（地表性）；右下：坚蜗牛（潜没性）

在我开始研究的时候，现存的坚蜗牛属被分为 8 个种。但仔细调查发现，因为外壳形状相同而被化为同一物种的坚蜗牛中，存在着生殖器形状完全不同的个体；而另一方面，即使外壳的形状或者生态型完全不同，但如果只看生殖器的形状，母岛的物种全都具有共同的特征，与父岛的差别非常大。生殖器不同，很可能导致无法交配，恐怕应该算作不同的物种，所以最终我决定根据生殖器的形状来划分物种。

古利克的亡灵

整理完分类，接下来我决定验证自己为了解释化石的间断性进化而设想的"生态位利用平衡"假说。如果这个假说正确，那么即便是同一物种，只要共存的亚种不同，栖息地点或者形态也应该发生变化。

以鸟类或者贝类为例，如果有两个物种共存，彼此之间的生态位利用差异比单一物种时更大，而与生态位利用相关的形态差异也会更大，这叫作"性状替换"，一般是由种间竞争引起的。与其他物种共存时，生态位不同的个体避免了与其他物种的竞争，因而具有竞争优势，于是这一特征就会在自然选择的作用下得到进化。

但在蜗牛的现存物种中，至今所发现的性状替换实例，只有物种分化不完全的帕图螺展现出类似的倾向。毕竟很早以前人们就认为，蜗牛的"物种间竞争很弱，几乎可以无视，因此可以将群落视为由相互中立的物种构成"。落叶之类的食物无穷无尽，很难想象会发生围绕食物的竞争。

但坚蜗牛属的情况有所不同，它们的个体数量很多，可想而知，围绕栖息地的竞争将会非常激烈。实际上，在实验室饲养中发现，不管有没有其他物种，坚蜗牛的栖息地都会有所变化。而不管野外环境还是实验室环境，经常可以发现外壳遭到其他个体破坏的情况，某些个体有可能攻击性地干涉、驱逐其他个体。

因此我做了调查，发现坚蜗牛属中可以看到明显的性状替换模式。比较生活在地表的两个物种，发现它们在共存时各自具有明显的形态差异，而在非共存的状态下则会出现中间性的形态，占据中间的栖息地点。而四种共存状态下的树上性物种，如果在三种共存的状态下，则会变成半树上性；而在只有两种共存的时候，会变成地表性物种。

但当我把这一发现写成论文投稿给期刊的时候，审稿人给出了尖锐的评论。特别是，两位审稿人都做了驳斥："这是偶然的结果，与种间竞争毫无关系。在蜗牛中本来就不曾观察到种间竞争。"他们强调说，蜗牛群落由相互中立的物种构成。其中一位审稿人的评论是这样开头的："自古利克以来，在蜗牛中……"

古利克认为，地理上隔离的不同物种之间，并不存在性质的差异，各个物种彼此中立（所以纹理的进化是随机发生的）。因此即使是具有遗传变异的不同物种之间，也被施加了中立性的魔咒。至于物种层次的中立性，即使历经了与适应主义的论战，反而更加令人信服。

于是我不得不和百年前的古利克亡灵战斗。

克拉克的宝贝

1995 年，我去诺丁汉大学布莱恩·C.克拉克的研究室留学。如果在日本学习正统的群体遗传学，那个研究室正是让人求之不得的留学目标。但是，中立理论论战已经是过去的事了，我更想从不同的角度看待世界。说实话，之所以去那里，最直接的原因是，在我咨询的候选对象中，克拉克最先回复了我。

克拉克的研究室与大学医院相连，坐落在宛如五角大楼的医学部巨型建筑的一角。克拉克用玻璃将实验室靠窗的一个角落隔出来，当作自己的办公室。实验室墙壁上挂了几幅蜗牛的画，像是小孩子画的，周围用毛骨悚然的字体写着

"拯救蜗牛"（Save the snail）。在靠走廊的角落里，还有另一个小房间，里面的塑料容器中饲养了大量的帕图螺。为什么克拉克饲养这么多帕图螺？这一点容我后面再解释。

我与来自葡萄牙和法国的两位博士后一起，研究蜗牛的基因，确定若干领域的碱基序列并加以对比。当时，克拉克的研究室刚刚利用森林葱蜗牛首次确定了蜗牛 mtDNA 的完整碱基序列，接下来正要阐明群体层面的分子进化。我在这里从头学习了分子遗传学。

有时我也会外出采集森林葱蜗牛，和克拉克与两名博士后一起前往马尔堡丘陵地区。凯恩最早发现的地区效应，就是在这里——克拉克指给我看的地方，是一片平平无奇的草地，沿着道路稀稀拉拉长了几棵树。

星期五的傍晚，克拉克邀请我去酒吧，遗传学家们大多坐在一起，在啤酒杯前争论不休。"决定同义密码子使用频率的是突变还是自然选择""蜗牛的遗传学对医学有没有用"，诸如此类。也是在这里，我发现对于中立理论，克拉克还没有完全抛弃好胜心。

有一天，我在克拉克的狭小办公室里说起了日本的蜗牛，关于同型巴蜗牛的多态性，关于日本做的研究，以及我自己做过的事。我把坚蜗牛的照片拿给他看，克拉克用"优雅"这个词形容它们，问我一共有多少种。

说了一会儿，克拉克突然站起身走向书橱，把一个带玻璃小窗的箱子拿给我看。里面装的是小小的红色扇贝标本，非常美丽。"这是木村资生送给我的礼物，是我的宝贝。""虽然想法不同，但我们是很好的朋友。"

这句话让我非常吃惊，那真是木村资生送的吗？我的心思全放在这个问题上，都忘记问为什么是扇贝，以及为什么送扇贝了。克拉克好像说是他过生日的时候送的，但我也不确定。"大家都错了。"克拉克说着，把那箱子小心翼翼地放回原来的位置。

更遗憾的是，我连那个扇贝标本的物种名都不知道。看上去像是泡隐扇贝，不过也不能确定。

反复的适应辐射

回到日本以后，我很久都没去小笠原，只是利用过去获得的实验材料，将时间花费在基因分析上。因为我觉得，这是驱赶古利克亡灵的最有效方法。我用了大约三年的时间，终于完成了坚蜗牛属的分子系统树。

坚蜗牛属起源于日本，因为与坚蜗牛属关系最近的是日本固有的真厚螺属。考虑到真厚螺属是从南方开始扩散的物种，可以推测坚蜗牛属的起源是在日本南部。大约 300 万年前，生活在那里的某种坚蜗牛属与真厚螺属的共同祖先，远渡重洋来到小笠原，开始了独立的进化。

坚蜗牛属在小笠原的进化史，比想象的更具戏剧性。

首先，父岛上共有四种生态型，其中一个系统来到婿岛，又在这里分成两种生态型；另一个系统来到母岛，在这里分成四种生态型。母岛上至少发生过三次生态型的分化，而且分别发生在不同的系统中。就像不断重复绽放的焰火一样，反复出现同一模式的物种分化、形态分化和生态位分化。

一个系统分化成生活模式等生态差异很大的物种，被称为"适应辐射"。坚蜗牛属的适应辐射，以完全相同的分化模式反复进行，这是非常独特的现象，这样的多样化被称为"反复的适应辐射"。发生过类似的情况的只有非洲的几种慈鲷类湖泊生物，而在陆地生物中，当时人们只知道西印度群岛的多色蜥。

这一结果与"生态位利用平衡"假说相符，因为这种多样化的模式显示出进化填补生态位空缺的情况。反复出现同样的进化，意味着这种进化绝不是偶然，背后一直有同样的机制在起作用。

坚蜗牛属很难饲养，无法通过实验清晰证明种间竞争的效果，但是后来，曾是我研究室学生的木村一贯，用真厚螺属的饲养实验证明了这一点。和坚蜗牛属一样，真厚螺属也会对其他物种进行攻击性干涉。因此，共存的其他物种，会降低子代的成长率，父代的生存率也会受到影响，有的外壳上还有被咬出来的洞，而且那与食物中的钙含量无关。在真厚螺属的高密度栖息地区，发现了与实验结果非常相符的生态位分化模式。

针对坚蜗牛属发表了反复的适应辐射论文之后不久，我去了日本东北大学，随后再度前往小笠原开展调查。

克拉克的学生

从东京去小笠原的定期航班小笠原丸号，穿过平静的东京湾，驶入太平洋，朝着遥远南方的小小岛屿加速。安格斯·戴维森躺在船底客舱里铺的垫子上，阅读村上春树的《挪威的森林》。"好看吗？"我问。他回答说："Yes." "村上春树的小说是超现实主义的非现实性，我读不来。"听我这么一说，他猛然跳起来，有点儿生气地说："哪里不现实了？明明非常现实。""为什么？你为什么不喜欢村上春树？"

可我自己也说不上来，不喜欢就是不喜欢。这一刹那，我突然体会到文化的差异。

2000年，克拉克问我能不能接收一名博士后。那年我刚好转到东北大学，正要从零开始建设实验室，当然非常欢迎战斗力。于是过了没几年，戴维森来到我的研究室读博士后。

戴维森着手解析坚蜗牛属的遗传基因，他首先利用分子钟，研究物种的多样化率如何随时代变化。结果发现，随着适应辐射的发展，物种的多样化率在下降。这一模式，通常认为证明了生态位被填充后导致物种更容易灭绝，物种分化难以发生，或者是空白的生态位能够促进物种分化。这个结果支持了物种分化与生态位分化的联动假说。

接下来，戴维森和我走遍整个母岛，按群体仔细研究了坚蜗牛属的遗传变异模式。这些模式大多与森林葱蜗牛的地区效应类似，都是历史上分布地区扩大、缩小或者融合的结果。但是，有个情况无法用这种理论做出解释。

比如，在黄金坚蜗牛中产生了潜没性群体和地表性群体，两种群体之间出现了阻碍遗传基因交流的物种分化。另外，在母岛列岛的一座小岛上，不仅出现了地表性和树上性的生态位分化，彼此之间也正在出现物种分化。情况似乎是，首先出现生态位分化，随后又引起了物种分化。

这样的物种分化，也曾在海洋岛屿的鸟类和湖泊的鱼类研究中发现。而发生这类物种分化时的重要影响因素，在于如何权衡对自身所处生态位的有利性质，其结果会对中间性质的个体不利，进而被自然选择筛除。举例来说，潜没性的外壳厚重，有利于潜入土里，但不利于攀爬到落叶上层或树上；半树上性的壳口大而平坦，有利于吸附在低矮露兜树的大叶片上，潜入叶柄根部，但要想像树上性那样在小叶片或细枝条上休息，则是不利的。

单位面积内栖息的个体数量过多时，同一物种的个体之间也会发生激烈的竞争，就像坚蜗牛属所表现的那样。在这种情况下，群体中很容易出现生态位分化。这有点像是店铺竞争的情况，当店铺数量增加、竞争变激烈的时候，零售店会逐渐向专业门店发展。在同型巴蜗牛中看到的"大小不同的个体彼此不会交配"的性质，也与这样的物种分化有关。比如说，适合树上生活的小个体，倾向于避免与大的地表性个体交配。

而且，物种分化发展到一定程度，也可能进一步促进生态位分化。因为，在物种分化还不完全，无法利用信息素完全识别对象的情况下，进一步改变生活地点，减少相遇的机会，可以避免不利的交配。

就像这样，我们逐渐发现，在坚蜗牛属的适应辐射中，除了性状替换之外，还有另一种机制。戴维森的工作，给坚蜗牛的研究带来了新的意义。

顺便说一句，就是这个戴维森，有一次在下过雨后的青叶山校区发现路上有许多很大的左旋蜗牛。他发现这些蜗牛的外壳全都是左旋的，大为惊讶，从此以后便痴迷于研究到底是什么基因决定了外壳的旋向。

再一次的华莱士与古利克

自古利克以来，大部分蜗牛的物种多样化都被认为是地理隔离导致的非适应性结果。像夏威夷树蜗那样占据相似生态位的大多数物种，在地理隔离引发物种分化以后，各物种彼此相邻，分布区域并不重叠，一直维持着马赛克状的分布模式。无论是花生蜗牛还是帕图螺属，大部分物种都是这种情况。这种最早由古利克发现的多样化模式，赖特称之为"非适应辐射"，他认为这是典型的由遗传漂变引起的进化。

然而与坚蜗牛属的适应辐射相关的两个机制，全都与源自古利克的进化观对立。其一是与"每个物种相互中立"的观点对立；其二是与"物种分化的产生是非适应性的"观点对立。

与坚蜗牛属的适应辐射相关的第一个机制是这样的：首先，地理隔离引起了物种分化——这一点与非适应辐射相同。但古利克的进化观认为分布并不会扩散，即使扩散，也不会产生生态位的分化。物种彼此中立，因此共存的物种之间即使具有形态或者生态位的差异，也并非出自种间竞争，而是对某种环境因素适应的结果。但按照适应辐射的进化观，物种的分布会很快扩散，而且一旦遭遇其他物种，便会出现性状替换，产生生态位分化和对不同栖息地点的适应。这一过程不断重复，便产生了适应辐射。

第二个机制开始于自然选择导致的分化。生物在不同的环境中生活，以不同的食物为食，各自发展出对这些因素有利的性质，而分化出的这些性质又带来阻碍彼此交配的作用，因而引起了物种分化。于是，生态位分化与物种分化共同作用，让适应辐射不断发展。在这样的过程中，即使没有地理隔离，也可能出现物种分化。这正是百年前华莱士在批评古利克的时候所设想的物种分化机制。经过一百多年，华莱士与古利克的战斗，再度以坚蜗牛与夏威夷树蜗战斗的形式上演。

但是，后来陆续发表的以欧洲、中北美洲、非洲、大西洋岛屿的蜗牛为中心的研究论文，并没有显示出类似坚蜗牛属那样显著的适应辐射，而都是非适应辐射的结果，或者是否定性状替换的结果。也有论文指出，没有发现生态位填充的现象，很难设想其中出现了很强的种间竞争。蜗牛群体由中立物种构成的看法果然很普遍。

不过也有研究者读到了坚蜗牛属的论文，对这个问题产生兴趣，想要自己亲眼去确认。这位研究者是克莉丝汀·帕伦特，她选择的目标是加拉帕戈斯群岛的泥蜗牛。帕伦特在加拉帕戈斯做了生态调查，又从基因分析的结果中发现加拉帕戈斯的蜗牛具有明显的适应辐射现象，其物种分化与生态位分化之间有着很强的关联。源自小笠原的观点，在达尔文的岛屿上得到了支持。

尽管这个问题还没有最终解决，但到目前为止，也有几项研究报告观察到蜗牛的适应辐射。此外也有研究结果显示，生态位分化，或者对不同环境的适应，有可能引发物种分化。自然，重要的不是争论哪种观点正确，而是融合不同的观点。今后有待研究的课题是，弄清到底在什么条件下会发生适应辐射，而在什么条件下会发生非适应辐射，以及为什么明明在某个群落中彼此中立，而在另一个群落中又变得不中立。

第九章
一枚硬币

有些研究，速水格一直挂在心上，但最终没有着手去做。生活在海岸上的螺类——滩栖螺的形态变异，就是其中之一。速水发现滩栖螺中具有大小和形态截然不同的二型（dimorphism）。滩栖螺也有很多化石，所以他可能是想以这种二型的进化为主题，进行古生物学的研究。

因此我去日本东北大学赴任后不久，就向曾经的学生三浦建议研究这个主题。三浦研究了古氏滩栖螺的二型，却得到了出乎意料的结果。在这两种生物型中，大型的实际上是被寄生虫感染、寄生、改造的结果，连行为都受到操控，宛如僵尸一般。也就是说，这种二型不是真正的二型，而是正常类型和被寄生虫改变的畸形。事情的发展与当初的预计大相径庭，三浦后来也成了寄生虫学家。

战斗的本质

我受到自己所见事物的引导，按照自己的喜好去做，所以并没有继承速水的进化观。可以说，真正继承了那种进化观的并不是我，而是我的学生们，他们其实已经在本书的某些章节中出场了。不过，看到继承了速水遗产的学生们对于各种问题的观点，比如形态鸿沟的问题、捕食与被捕食导致形态多样化的机制问题，以及历史问题等，我发现，他们的观点与我的生态位分化导致多样化的观点，实际上是相辅相成的关系，就像一枚硬币的正反面一样。我也感觉到，借助他们的观点，也许可以实现和古利克的和解。

这一想法的契机是细将贵与龟田勇一加入研究室做博士后，他们研究的是琉球群岛的蜗牛和蛇。在他们的研究中，我发现，尽管琉球群岛和小笠原诸岛有着同样的气候条件，却有着截然相反的生态系统。

细将贵的研究令人震惊。他发现，萨摩蜗牛属的左旋和右旋的群体分化，是对捕食蜗牛的琉球钝头蛇适应的结果。这种蛇的头部形态是非对称的，专为捕食右旋的蜗牛而特化，因而难以捕食左旋的蜗牛。所以在这种蛇的栖息地，左旋类型不会被捕食，因而左旋的个体增加，形成群体，与无法交配的右旋群体间出现了物种分化。

这样的机制导致萨摩蜗牛属中反复出现左旋和右旋群体的独立进化。细将贵发现，在这种蛇的栖息地里生活的右旋萨摩蜗牛中，除了出现防止被蛇捕食的壳口扭曲特征外，还表现出受袭击时主动切断软体尾部的行为。可见蛇的影响之大。

对于琉球群岛的蜗牛来说，最大的课题就是与捕食者战斗。在这里，除了蛇，还有鸟类、哺乳类，当然还有陆生萤火虫、笄蛭涡虫等强大的天敌。捕食者越多，即吃的一方越多，被吃一方的个体数就越受到抑制，变异也越大，因而被吃一方的竞争就会有所缓解。竞争效果减弱，蜗牛群落便成为缺乏竞争的中立物种集合。在欧洲、北美和非洲等地，大陆的蜗牛群落之所以中立，可能就是这个原因。

而在小笠原，当地的捕食者只有很少一部分鸟类。由于距离大陆很远，许多捕食者都无法渡海而来，所以蜗牛的个体变得过于稠密。除了应对环境变化之外，对它们来说，最大的课题就是和占据同样生态位的个体战斗——这也就是竞争。

那么它们的共同点是什么呢？

那就是，不管哪种情况，总之都要战斗，只是战斗的对象不同罢了。还有一点，不管是捕食与被捕食的关系，还是竞争关系，都存在权衡。权衡机制决定了不会出现单方的胜利或失败。第七章中介绍过虾夷蜗牛的迎击战略与艾地爱野蜗牛的守城战略，虽然是二者选一的战略，但从原理上说，两者的效果是相同的。对于食蜗步甲而言，破坏与潜入也是二选一的战略。坚蜗牛属的树上性与地表性，也是生活模式的二选一。权衡中的任何一项都能发挥作用，所以，不选取任何一种战略的中间型固然是不利的，但任意选取其中一种战略的专家却是同等有利的。

功能的权衡，意味着物理性的制约；而有了物理性的制约，不同的形态也就具有同样的有利性。正如塔形和扁平形这两种形态都可以解决重力的问题，不同的形态可以解决同样的问题，这便产生了形态的多样性。

面对战斗，面对同样有利的各种战略，生物最终选择哪种战略，主要取决于偶然。而另一方面，要真正实现选择的战略，则主要是适应的结果。战斗与偶然的相互影响，通过进化机制，创造出多样化的世界。

如果说战斗与权衡的机制推进了多样化，那么在大陆以及大陆岛的蜗牛身上出现的捕食与被捕食的多样化，自然也源于适应辐射的机制。在小笠原的坚蜗牛属中表现出的适应辐射，也同样推进了俄罗斯东部地区的库页蜗牛属的多样化、中国的巴蜗牛属的多样化，以及琉球等地的萨摩蜗牛属的多样化。此外，尽管战斗的种类、时间与空间尺度都大相径庭，但速水所探索的中生代海洋变革，本质上也是与小笠原坚蜗牛属的适应辐射相通的。

不过，还有尚未解决的问题。

夏威夷和小笠原一样，都是海洋岛。但为什么夏威夷树蜗却和坚蜗牛不同，表现出中立的非适应辐射呢？

融合

"小笠原蜗牛的进化机制是适应辐射"，这是坚蜗牛属的结论。然而，我的学生和田慎一郎的研究颠覆了这一常识。

和田利用遗传信息推测了小笠原固有的微穴拟沼螺的进化过程，那是体长仅有 2 毫米的蜗牛。研究发现它与坚蜗牛属形成鲜明的对比，在足足 300 万年的时间里，绝大部分时期都没有出现生态位分化，因而导致遗传上具有巨大差异的不同物种在分布上彼此相邻，呈现出非适应辐射的模式。

只有母岛的石灰岩地带是个例外。扁平形和塔形两种类型作为不同物种，共存在同一个地方。但它们的形态差异与生活方式，又看不出与生活场所有什么关联。顺便说一句，追踪这两个类型从该地点向周围的分布扩散情况，发现它们又在另一个地点汇合，形成中间形态，导致两者的分布重新连在一起，就像只有一个缺口的圆环，这种情况叫作"环状种"。微穴拟沼螺的环状种范围仅有 200 米左右，是世界上最小的环状种。

微穴拟沼螺的情况显示出，即使在小笠原，也会出现非适应辐射。两种辐射模式的差异是由各自的生活方式决定的，而并不是因为在夏威夷或者小笠原。

我的另一个学生，用一种完全无人预料到的方式，融合了这两种辐射。

铃木崇规运用计算机模拟进化，他在电脑中构建出虚拟岛屿，生成带有虚拟遗传基因的生物，观察它们如何进化、如何发生物种分化，以及多样化的物种如何诞生和灭绝。

他首先模拟出完全中立、不发生任何适应的情况。在这种情况下，预计只有突变和遗传漂变才会引起进化，物种分化将会由地理隔离引发，群落将由中立的物种构成。但正是在这种最为简单的条件下，观察到了出人意料的模式。

模拟开始后，物种分化迅速发展，出现明显的辐射现象。但当抵达高峰后，物种分化率便不断下降，最后基本上不再出现物种分化。这种模式一直被视为适应辐射的特征模式，戴维森根据分子钟推测的坚蜗牛属物种分化模式也正是这样。因为如果生态位存在空缺，物种分化便会急速发生；而当物种增加、生态位被填满后，物种分化也就不再发生了。但是计算机模拟的结果显示，不论是否存在生态位空缺，仅以遗传漂变和物种的中立性行为，就会导致同样的模式。

这个结果带来了如下的疑问：难道适应辐射和非适应辐射，实际上是由同样的机制产生的两种不同现象？换言之，它们只是同一场游戏的两种不同结局吗？

于是铃木崇规又模拟更为多样化的生活场所，把对环境的适应作为可能的条件。结果不出所料，在同样的环境中，仅仅改变生活史的基本设定，比如个体寿命的长短，或者活跃度等，就能产生适应辐射和非适应辐射。随机占主导的过程，或者适应占主导的过程，两种情况都会出现。

在某些条件下，尽管还有许多空缺的生态位，但并不会出现生态位分化。地理隔离带来的物种分化中，大部分中立物种的分布并不会重合，而是相邻分布，形成马赛克状的地理模式，这就是百年前古利克在夏威夷树蜗身上看到的模式，也是典型的非适应辐射。但在同样的环境中，只要改变生活史的参数，就会出现生态位分化，进而引发物种分化，产生出明显的适应辐射。就像是仅仅改变温度，同样的物质就会变成蒸汽、水或者冰一样。非适应辐射和适应辐射，是同一过程的不同形态，是硬币的正反两面。

小笠原的坚蜗牛属与微穴拟沼螺类的辐射方式之所以不同，也许只是因为从本土祖先继承的生活史性质不同吧，那些性质是它们的祖先在漫长的进化历史中通过适应和偶然而获得的。在来到岛上之前，祖先所经历的历史，导致来到岛上的子孙后代的历史发生变化。它们与夏威夷树蜗的不同表现，大约也可以用这种基于历史的制约效果来解释。

但这还只是解谜的出发点。理论是否正确，必须在现实的蜗牛身上加以验证。接下来应该做的，是通过基因组解析来确定模型假设是否妥当。此外，为了验证计算结果是否吻合，需要带上笔记本电脑，遍寻各个岛屿，攀崖、登山、爬树、趴地，获取各种蜗牛的数据。通往答案的道路，是在理论、实验室和田野之间的无穷无尽的研究循环。

追寻蜗牛的进化研究历史，我们看到适应与非适应的进化观从古利克与华莱士之战开始分裂，一方沿着赖特、木村、古尔德等人发展，另一方沿着费希尔、凯恩、克拉克等人发展，最后经过不同时代的研究者们不断融合，成为只有一处缺口的圆环。从不同的角度来看，非适应与适应、中立与非中立，也许只是在同一个地方打转，重复着同样的争论。不过，争论常常会促进新的发现和发展，就像蜗牛的外壳，看似在同一个地方打转，但实际上常常会登上新的台阶。比如说，一方促进了分子——微观层面的理解，另一方促进了物种大进化——宏观层面的理解。下一个阶段的研究目标，必定是促进分裂的微观与宏观共存——遗传基因网络与物种网络的融合。在那个崭新的研究舞台上，适应与非适应的论战大约会以新的形式继续上演吧，就像是令外壳旋转的基因，自数亿年前以来，便一直在不同的动物中发挥着相似的作用。

略微有些令人在意的是，这场论战之所以会有这样的历史，究竟是纯属偶然，还是因为某种具有普遍性的机制，必然性地导致了这样的发展呢？如果是后者，那也就意味着，一切都是达尔文所启动的游戏中预先准备好的剧本罢了。

破灭的世界

到此为止，我写的都是战斗的创造性方面。但在最后，也必须写一写相反的方面。事物总有两个以上的方面，就像适应背后的非适应，光明背后的黑暗，有用背后的无用。

大约 20 年前，我在克拉克的实验室里看到大量饲养的帕图螺，那实际上是破灭世界的末路。它们在即将失去故乡的时候，被克拉克救出来，通过实验室的人工繁殖才勉强存活下来。

克拉姆托和克拉克等人研究过的大溪地和莫雷阿岛等地的帕图螺，被玫瑰蜗牛彻底吃光了。这种可怕的捕食者，是突然出现的怪兽，吃蜗牛的蜗牛。人类从它的故乡佛罗里达把它带来，本来是为了驱除农业害虫——褐云玛瑙螺。这是号称不使用农药的、"对自然友好的生物农药"技术。然而褐云玛瑙螺并没有减少，反而是固有的帕图螺灭绝了。

推动历史的机制如果具有普遍性，历史便会重演。

夏威夷树蜗的忽然消失，也是同样的过程。将无比繁荣的夏威夷树蜗逼上绝路的主犯，也是玫瑰蜗牛。而将它引入夏威夷的目的，也是想以"对自然友好"的技术驱除褐云玛瑙螺。在今天，夏威夷树蜗只能缩在岛屿上一座小山的角落里，依靠人工繁殖，在饲养室中勉强存活。

推动历史的机制如果具有普遍性，历史便又会重演。

在古尔德开展研究的时期，还有许多百慕大蜗牛，但今天已经基本消失了。这也是因为玫瑰蜗牛。这种怪兽，对人类真正想要驱除的危害农业的蜗牛毫无作用，却仅仅用了十年时间，便消灭了历经数十万年的严酷气候变化延续至今，终于实现了新的繁荣的百慕大蜗牛。

推动历史的机制如果具有普遍性，历史便还会重演。

2001年，多年以后我再度拜访小笠原，踏上父岛的土地，看到的也是破灭世界的终焉。曾经繁荣一时的坚蜗牛们，曾经那样毫无防备地生活着。然而这一次，我看到的只有凄惨腐败的死壳之山，连一只活的坚蜗牛都没有看到。

毁灭父岛坚蜗牛的是新几内亚扁虫，那是以蜗牛为食的陆生涡虫。大河内勇与大林隆司发现，这种扁虫在20世纪90年代初由某处带入父岛，急速增加，几乎彻底灭绝了固有的蜗牛。这种扁虫吃光了父岛的坚蜗牛。而人们之所以将这种可怕的怪兽带出它的故乡新几内亚，据说也是期待它以对自然友好的方式驱除褐云玛瑙螺。

我好不容易找到幸存的父岛坚蜗牛，救出它们，带回研究室，开始人工繁殖。很难堪的是，我所用的饲养方法，还是克拉克为了人工繁殖帕图螺而使用的方法。

后来，饲养坚蜗牛的技术在当时的学生森英章的努力下得到改进，成为最适于饲养坚蜗牛的方法。现在，坚蜗牛被安置在小笠原的研究设施中，由行政部门和当地居民志愿者进行人工繁殖。但是，父岛到处都是扁虫，坚蜗牛只能在饲养设施里生存。这些扁虫能够侵入各种狭小的缝隙，又具有令人惊叹的再生能力，可以由身体的极小片断长出全身，还能够忍耐长期的饥饿，具有极高的繁殖力，人类对这种扁虫毫无办法。本土的固有蜗牛是土壤生物的支柱，失去了它们的父岛，生态系不可避免地走向衰落。如今，这种扁虫是小笠原继续保持世界自然遗产地区的最大威胁之一。

了解历史

捕食与被捕食的关系，本应该创造出丰富的多样性，但前面的情况都是完全相反的结局。捕食者不仅没有创造出多样的世界，反而导致了虚无和破灭。这种不同，到底从何而来？

扁虫也好，玫瑰蜗牛也好，在它们的故乡新几内亚和佛罗里达都不是引人注目的物种，可以说都没有存在感。这到底是为什么呢？

瓢虫的故事给出了提示。隐斑瓢虫是著名的蚜虫捕食者，哪怕是面对动作十分迅速的、其他瓢虫无法捕食的蚜虫，它们也能迅速抓到。但是铃木纪之的研究发现，如果存在其他种类的瓢虫，这种瓢虫的繁殖就会受到阻碍，无法生存下去。因此，它们是被其他瓢虫赶出了适合捕食的地点，不得不在其他物种不屑占据、难以捕食的地点生活，成为"最强的蚜虫捕食者"，以此生存下去。

强者其实是弱者。

自由战斗的历史进程，迟早会带来力量的平衡。在经历了漫长时间而实现的平衡系统中，战斗的各方都是同一游戏的参加者。正如任何游戏都有规则，进化的历史也给生物之间的关系创造出规则。

为了让游戏继续下去，战斗的胜利者和失败者，实际上存在着相互依赖的关系。捕食者与被捕食者的关系也是一样。因为存在被捕食者，才会有捕食者存在；同时也正因为存在捕食者，才会有被捕食者存在。

扁虫也好，玫瑰蜗牛也好，在它们的故乡，都被束缚在这样的关系中，在历史形成的平衡中生存。但是，人类将它们从历史中剥离，从规则中解放出来，于是这些动物便成了怪兽，毁灭了生活在不同规则下的世界。

影响游戏的最重要的规则之一，是权衡。在权衡中进行的战斗，没有绝对的胜利。在某处胜利，必会在别处失败。所以，不管是什么物种，迟早会在某处获得胜利的机会。在这样的战斗中，偶然带来的创造性得以最大化，因而才会诞生出多样性。

制造权衡的是源于历史的制约。在故乡，扁虫和玫瑰蜗牛都牺牲了其他更有价值的选项，选择了捕食难以获得的蜗牛这种"生态位"战略，并通过将这一战略贯彻到极致才存活下来。然而人类将它们从历史中剥离，消除了权衡，带到了另一个世界里。在那个世界，大部分动物都是蜗牛，于是扁虫和玫瑰蜗牛的战略令它们成为无敌的侵略者。

不过，人类从外界带进来的生物（外来物种）并不都是像这样的破坏性侵略者。实际上，也有许多外来物种与自古以来生活在当地的原生物种实现了调和，这种情况的原因尚不是十分清楚。什么样的外来种是危险的，什么样的外来种是安全的，要想做出准确判断，我们还需要更多地了解进化与生态系及其历史的真相。许多问题都像这样，虽然我们并不知道它们能够带来什么当即有用的好处，但首先必须去了解。

夏威夷树蜗、帕图螺、百慕大蜗牛和坚蜗牛的悲剧，毋庸讳言，是对生物的进化和历史缺乏认知和敬意的科学所带来的灾难。"对自然友好的、有用的技术"，实际上对自然而言，都只是噩梦般的终极武器。

所谓有用，或者所谓技术，只是科学这一生态系所具有的功能之一而已。技术一旦与"知晓""理解"等科学的其他功能相剥离，便会成为灾难之源。因为那将打破了漫长的历史给科学创造的平衡规则，从中释放出怪兽。

科学的生态系中所进行的活动之一，是以知晓真相、理解真相为赌注的战斗。偶然与必然相互较量，当下有用与无用的东西紧密关联，其中诞生出各种各样的假说，跨越世代而被继承、被约束、被融合、被对照数据进行测试，以及被淘汰。如果有人无视这种活动的历史，而仅仅关注对某些人有用的东西，那么无论是对科学，还是对外部的世界，大约都将会引来灾难。

无论是在小小的自然一角，还是科学的极其局部的细节中，都有着偶然和必然编织的故事，有着从遥远过去继承至今的历史。无论何种微小而特殊的对象，都可以从中学到某些宏大而普遍的意义。找到它们，传扬它们，注定也是科学家的责任。

跋

　　生物学家往往会专注于研究一种生物，这是为什么呢？是因为在那种生物的身上感觉到特殊的魅力或奇特之处？当然，这的确是一个原因。但实际上，很多时候，是受到一种宏大的意愿或者使命感的驱使，希望通过对那种生物的研究，发现自然的普遍原理。极致局部，便会看到整体的世界；极致加拉帕戈斯式的世界，便会看到整个地球——对于相信这一点的研究者而言，自己研究的生物，是自然与生命现象的"模型"。只不过，这一点通常很难让人理解。

　　所以本书尝试从蜗牛的进化研究这个极为狂热的局部世界，引导出整体性的观点。在本书中，"蜗牛"是为了逼近进化这一巨大谜题的"模型"，与此同时，"蜗牛的进化研究"本身，也是为了理解局部与整体、特殊与普遍之间关系的一个"模型"。

　　本书中的登场人物都省略了敬称。期望读者理解的是，没有敬称即是敬称。在熟悉这一领域的读者中，也许有人认为书中漏掉了某些应当登场的重要人物。这是因为在有限的篇幅中，为了权衡，并优先完成本书的目标，而不得不做出的割爱。另一件遗憾的事情是，因为页数的限制，本书无法包含参考文献清单。因此在出版社的网站上刊载了参考文献，各位可自行查阅。

本书撰写过程中，得到了多方的协助。特别是下列人士：Paul Callomon、Robert Cameron、Robert Cowie、Angus Davison、Rosemary Gillespie、林守人、平野尚浩、Brenden Holland、细将贵、龟田勇一、河田雅圭、木村一贵、Joris Koene、小沼顺二、牧雅之、牧野能士、凑宏、森英章、森井悠太、中井静子、根本润、大路树生、Robert Ross、Kaustuv Roy、Menno Schilthuizen、曾田贞滋、铃木崇规、占部城太郎、和田慎一郎。

此外，岩波书店编辑部的辻村希望、滨门麻美子两位，也提供了许多宝贵的意见。在此深表感谢。

千叶聪

译后记

翻译不是一个热门的职业。并且随着 DeepL、ChatGPT 之类的 AI 功能日渐强大，翻译这个职业更显得岌岌可危。尽管如此，我并不后悔自己走上翻译的道路。一个重要的原因是，翻译一本书的过程，也是学习这本书的过程。而且这种学习的深度，可能不是其他任何一位读者能够比拟的。毕竟，除了译者，还有谁会把原书的每个字都分析一遍呢？如果翻译的书涉及的刚好又是自己感兴趣但又相对有些陌生的领域，这种成就感就更加明显了。

在翻译这本书时，这样的成就感尤为强烈。说实话，在接触这本书之前，我从未想过一个小小的蜗牛壳，背后竟然隐藏着如此波澜壮阔的理论发展史。遗传漂变、奠基者效应、红皇后假说、中立理论……这一项项重要的进化理论，在作者的巧手编织下，通过小小的蜗牛壳逐一展示出来，让我这个原本对进化理论只有肤浅了解的译者，得以进一步认识到它的精妙和复杂。

由于对本书涉及的领域并不熟悉，我在翻译时确实遇到了不少困难，特别是书中出现的大量物种名称，其中很多反映了最新的研究成果，还有新近发现的化石种，自然没有公认的中文译名。因此，对于书中多处，我请教了大城小虫工作室的周德尧老师和帝国理工学院的陈哲宇老师，也借此机会向几位老师表示感谢。当然，如果本书中存在任何翻译错误，一切责任还是在于我这个译者，与几位老师无涉。

最后，感谢图灵公司引进这本书，也感谢编辑选择我担任译者，让我得以有一个学习和收获的机会。这本书的作者千叶聪说，无论多么微小而受限的生物，都有可能揭示出宏大而普遍的意义。我想说的是，无论多么微小而受限的工作，若能带给自己成长的机会，那就是值得的。

丁丁虫

版 权 声 明